大衆心理學叢書

吳靜吉博士策劃

每册都包含你可以面對一切問題的根本知識

96

實用管理心理學（上）

大衆心理學叢書 96（原大衆心理學全集43）

實用管理心理學（上）

作　者——Thomas V. Bonoma & Gerald Zaltman
譯　者——余振忠
策　劃——吳靜吉博士
主　編——大衆心理學叢書編輯室
發 行 人——王榮文
出版發行——遠流出版事業股份有限公司
臺北市汀州路3段184號7樓之5
郵撥／0189456-1
電話／2365-1212　傳眞／2365-7979
香港發行——遠流（香港）出版公司
香港北角英皇道310號雲華大廈4樓505室
電話／2508-9048　傳眞／2503-3258
香港售價／港幣41元
法律顧問——王秀哲律師・董安丹律師
著作權顧問——蕭雄淋律師
1994年7月16日　二版一刷
2003年4月1日　二版八刷
行政院新聞局局版臺業字第1295號
售價新台幣 125 元　（缺頁或破損的書，請寄回更換）

ISBN 957-32-2209-4　（英文版 ISBN 0-534-00904-2）

YLib 遠流博識網
http://www.ylib.com.tw　E-mail:ylib@yuanliou.ylib.com.tw

實用管理心理學（上）

Psychology for Management

Thomas V. Bonoma & Gerald Zaltman

波諾瑪／卓特曼 著

余振忠 譯

《大衆心理學叢書》出版緣起

王榮文

一九八四年，在當時一般讀者眼中，心理學還不是一個日常生活的閱讀類型，它還只是學院門牆內一個神秘的學科，就在歐威爾立下預言的一九八四年，我們大膽推出《大衆心理學全集》的系列叢書，企圖雄大地編輯各種心理學普及讀物，迄今已出版達二百種。

《大衆心理學全集》的出版，立刻就在台灣、香港得到旋風式的歡迎，翌年，論者更以「大衆心理學現象」爲名，對這個社會反應多所論列。這個閱讀現象，一方面使遠流出版公司後來與大衆心理學有著密不可分的聯結印象，一方面也解釋了台灣社會在羣體生活日趨複雜的背景下，人們如何透過心理學知識掌握發展的自我改良動機。

但十年過去，時代變了，出版任務也變了。儘管心理學的閱讀需求持續不衰，我們仍要虛心探問：今日中文世界讀者所要的心理學書籍，有沒有另一層次的發展？

在我們的想法裡，「大衆心理學」一詞其實包含了兩個內容：一是「心理學」，指出叢書的範圍，但我們採取了更寬廣的解釋，不僅包括西方學術主流的各種心理科學，也包括規範性的東方心性之學。二是「大衆」，我們用它來描述這個叢書「閱讀介面」，大衆，是一種語調，也是一種承諾(一種想爲「共通讀者」服務的承諾)。

經過十年和二百種書，我們發現這兩個概念經得起考驗，甚至看來加倍清晰。但叢書要打交道的讀者組成變了，叢書內容取擇的理念也變了。

從讀者面來說，如今我們面對的讀者更加廣大、也更加精細(sophisticated)；這個叢書同時要了解高度都市化的香港、日趨多元的台灣，以及面臨巨大社會衝擊的中國沿海城市，顯然編輯工作是需要梳理更多更細微的層次，以滿足不同的社會情境。

從內容面來說，過去《大衆心理學全集》強調建立「自助諮詢系統」，並揭櫫「每冊都解決一個或幾個你面臨的問題」。如今「實用」這個概念必須有新的態度，一切知識終極都是實用的，而一切實用的卻都是有限的。這個叢書將在未來，使「實用的」能夠與時俱進(update)，卻要容納更多「知識的」，使讀者可以在自身得到解決問題的力量。新的承諾因而改寫爲「每冊都包含你可以面對一切問題的根本知識」。

在自助諮詢系統的建立，在編輯組織與學界連繫，我們更將求深、求廣，不改初衷。

這些想法，不一定明顯地表現在「新叢書」的外在，但它是編輯人與出版人的內在更新，叢書的精神也因而有了階段性的反省與更新，從更長的時間裡，請看我們的努力。

編輯室報告

這是一個急劇變化的時代，你如何在詭譎多變的管理環境中做一個成功的管理者？這是一個多元化的社會，你如何在衆說紛紜的學術領域中擴展你的思維空間？身爲管理者，也許你要說：管理就是經由「理智化」的決策過程，將組織「既定」之目標，藉助「他人」的力量加以達成。或者抽象一點，您會說：「管理就是創造和諧」，是在將組織中對立不協調的雜多因素加以統一。然而不論是「創造和諧」也好，「影響他人」也罷，瞭解人性及他們的需求，無疑是成功管理的必要條件。

馬斯洛（Abraham Maslow）曾經用生理需求、安全感、歸屬感、社會地位、以及自我實現等五個需求層次來說明人類的需求，認爲人們唯有在較低層次的需求，完全獲得滿足之後，才會去追求較高層次的需求。但是顏淵「一簞食、一瓢飲」的淡泊作風，又如何用馬斯洛的理論來解釋呢？（事實上，Alderfer 和 Hall and Nougaim 等人的研究已推翻了馬斯洛的理論。）人的動機（motivation）到底是什麼？除了人們內在的因素之外，他人的行爲也會影響我們的決策。例如當你所有的同事都捐獻慈善基金時，你可能也會因而奉獻出口袋僅有的一點私房錢，這種人際間的互動關係（interaction）使得人性變得更加複雜難解。

面臨這些問題，本書藉著四百多個研究報告，提出一個完整的分析架構，分別對個人、兩人羣體、多人羣體以及組織問題加以探討。同時從個人心理學、社會心理學和社會學的觀點，對管理者在組織中如何將其功能發揮到極致，做最詳盡而實用的說明。

就提高管理技能而言，本書提供了最客觀、最實在的指導原則，因爲書中任何結論均以實證研究爲根據，也由於這種實證精神的發揮，書中沒有許多道德文字或河漢之言，它僅將社會的現實面（reality）揭露出來，然後告訴你如何去面對現實並從而解決問題。就充實管理知識而言，本書列舉了最豐富的參考資料，行文當中隨時加註相關研究的出處，並於每章結尾附上參考書目，這對有意做進一步研究的讀者不啻爲一資料之寶庫。

俗語說得好：「天平、地平、人心不平，人心能平，天下太平」。本書所研究的便是「平人心」的學問，要「平人心」，先要瞭解人心，要掌握人心則更非瞭解人心不可，但是如何瞭解人心呢？那當然得從閱讀本書開始了。

（趙森執筆）

原序

導言

明瞭行爲是明瞭如何管理自我及他人的主要關鍵。本書所講述的，正是有關社會環境（social context）中的人類行爲之瞭解，我們稱之爲管理（management）。在個別行爲心理學與組織行爲研究之間模糊而複雜的領域中，有著引自兩者的豐富知識與技巧。而對於良好的管理實務而言，這個領域却又比前面兩者更爲基本，我們可以將它稱爲「管理的應用心理學」。既然稱爲「學」，它也就對有效管理的要素提供了嚴謹而有用的瞭解。既然是管理的工具，它自然也就提供了管理者在工作上可能遭遇的各種互動（interaction）的瞭解。這些互動包括：與自我的互動、與他人的互動、與其他人們（羣體）的互動、以及與整個組織的互動。

雖然管理心理學的範疇包括從個別心理學到組織行爲，以至於社會學，但它所探討的主要是管理角色所處的環境（context），因此並不需要總括上述各個學門的每一個面（aspect）。學例來說，在兩人互動（two—person interaction）中，領導、權力，和影響力是相關的領域，但羅曼蒂克的愛則不包括在內。《實用管理心理學》基於有效管理的一般要素，選擇性的就有關個人、二人、小羣體，和組織的知識加以論述。

本書的計劃

《實用管理心理學》分爲四篇。第一篇是管理的通論。這四個部分每一篇都在社會組織的階梯中，往上爬升了一級（從個人到羣體，以至於整個組織）。

第一篇：「社會中的個人」。討論的是人格（第二章）、激勵（第三章）、決策（第四章）、學習及問題的解決（第五章），和挫折、衝突及壓力（第六章）。

第二篇：「相依性、衝突和影響力」。在第七和第八章中，深入地探討兩人社會的現象，最後以領導者與被領導者的研究做爲結論。

第三篇：「小羣體的管理」。牽涉到個人和團體，包括在第十章中對團體決策的討論。而第十一章則討論團體常模、從衆與異常。

第四篇：「組織的問題」。本篇討論如何處理溝通策略和網路（第十二章）、組織結構和氣候（第十三章），和組織的改變（第十四章）。

內容與用法

雖然《實用管理心理學》處理了許多有關的問題，但它却不是一本「組織行爲」的書。又雖然它包含了許多個別心理學的理論，卻也不是一本基本的心理學，所以，《實用管理心理學》實際上探討了三個基本層面：①個別心理學。②社會心理學。③社會學。這些都是管理者或即將成爲管理的人所必須了解，以便於有效施行的。

本書可以做彈性的運用。因爲每一章都是獨立的單元，所以並不需要從頭一頁讀到最後一頁。然而，無論你從那一章開始，我們都鄭重地希望你能顧及到本書各篇的完整性。

嚴謹與適用

我們對各個論題都以嚴謹的方式加以處理。換句話說，我們對所提出來的理論與研究，都儘可能將其環境及限制保留原貌。同時我們一直留心觀念的提出能夠便於讀者將其轉化爲實際的管理行動。討論當中不時輔以實例，以便引導讀者從原理原則邁向成功管理的康莊大道。

本書的目標

我們的基本目標是透過行爲理論和研究的提出與分析，使其能夠更有效地運用基本的管理技巧。

本書可以做爲商業行爲科學課程的教材，也可用做組織行爲課程的補充教材。此外，它也適用於管理教育課程。

致謝辭

感謝我們的家人在本書寫作期間所付出的耐心。同時也感謝許多對本書之完成頗有助益的人們：感謝 Patty Coyne 和 Arlene Wycich 的打字；以及 Richard M. Steers, Roger N. Blakeney, Hrach Bedrosian, Sheila D. Inderlied, H. Joseph Reitz, Steven Kerr, 和 Susan Davidson Schaefer 諸位教授，在本書寫作的各個階段提供寶貴的意見。我們也感謝匹茲堡大學和哈佛大學商學研究所的鼓勵與贊助。最後，當然也感謝我們的同事與學生對本書所做的貢獻。本書如果還有什麼差錯，我們應該負擔全部的責任。

Thomas V. Bonoma

Gerald Zaltman

實用的管理心理學

——吳靜吉博士序

《實用管理心理學》是譯自哈佛大學的 Thomas U. Bonoma 和匹茲堡大學的 Gerald Zaltman 兩位教授所著的"Psychology for Management"，這本原文書是我上管理心理學課程的教科書。我原來也計劃寫一本中文的管理心理學的書，在讀到這本書的時候，發現我計劃要寫的書的架構、資料來源、撰寫方式等等都和這本書非常相似，我自認沒有辦法寫得更好，所以就盼望有人來翻譯它讓大家共享，上我「管心」課的余振忠實現了這樣的願望。

管理心理學的課程對許多企業管理研究所的學生來說，已經不是新穎的了，在政大企研所裏，管理心理學起初是選修的，後來取代「人類行爲」而變爲必選的，從七十二學年度起又歸回選修，管理心理學也該算是「歷盡滄桑一門課」了，如果我們用「妾身未明」來形容它的地位最恰當不過，大概所有國內教這門課的人對它都會有這感覺，即使在其發源地的美國，管理心理學的處境也是一樣的。

不管管理者和管理學者之間有何不同的看法，他們一定都同意兩件事情：第一、管理需要科學的基礎，而管理的歷程也是藝術的；第二、最難管理的還是人，心理學在其理論架構的層次上，就是運用科學的方法來研究以人爲主（心理學也研究動物）的學問，在應用的層面上心理學家就是人類行爲的藝術家，所以對人類行爲有研究興趣，管理上必須了解人類，在現實生活中，必須接觸人的都會心儀心理學，所以在醫學界、在法律界、在教育界、在工商界、在政治界，心理學都具有相當的吸引力，所以我們會看到政治心理學、教育心理學、法律心理學、醫療心理學等等的書籍和課程。在這些各行各界當中擔任管理工作的人，要以企業界的管理者算是最熱愛心理學的顧客，所以管理心理學的課程也大多在企管系，企研所或工商界的研習班開設。對企業界的人來說，管理心理學是令人興奮、具有吸引力、年輕，但不是主流的，也很難定位，所以管心就在必修、必選、選修當中徘徊，雖然管理心理學在學術界妾身未明，在工商界的大衆心目中，它却是最好的伴侶，誠如本書的作者所說，做爲一個好的管理者，你需要資料，需要已經驗證的原則來增加你對下列三方面的知識：你自己，上司、同儕和部屬，正式組織。

其實管理心理學一方面應用心理學上已經驗證的行爲原則到管理上來，另一方面，應用心理學的研究方法，來驗證有關管理行爲的假設，所以管理心理學基本上還是從心理學出發的，其目的就在增加管理者和被管理者有關自己，他的上司、同儕、部屬以及自己與這些人在正式組織中互動關係的科學知識，並減少管理者的困難或遇到困難時有所依賴。——借用已經驗證的心理學原則和方法提出解決問題的假設，驗證假設，而將結果與大家共享或實際解決困難。在諸多心理學原則當中，你如何「弱水三千只取一瓢，美女三千只娶一個」，這就靠你的藝術動機和素養了。

從這個觀點來看，這本管理心理學的書是相當實用的，所以我們就稱它爲《實用管理心理學》，而我希望你在管理人時是一個擁有心理學科學知識的人類行爲藝術家。

實用管理心理學

目錄

第十四章　組織改變

第一章　導論：管理的本質

所有的管理工作均有一項不可避免的事實，那就是：它總牽涉到人的問題。要做好管理工作，首先你要對你自己、你的能力和動機有相當的了解；然後你要能處理你與另一個人之間的互動關係，通常那個人是你的上司或屬下；再其次就是你要有處理你與一個團體間的互動關係的能力，不論那個團體是管理委員會，或是董事會。以上每一層次的要求，在在都跟每個管理者，甚至跟每個人有著密切的關係。

簡而言之，若要做一個好的管理者，你最基本的兩項工作就是了解人以及知道社會過程是怎麼回事。因此，你需要一些資料和已經驗證的原則來加強你關於下列三方面的知識：

- 你自己
- 上司、同儕和屬下

・正式組織

本書的目的就是希望能給你一些這方面的知識，並使你能將其應用到實際工作上。

管理不當的案例

了解無效的管理所耗掉的成本有多少，當可使你明白有效的管理在組織中所佔的重要性有多大。雖然提出一些具代表性的管理錯誤和缺失是一種消極的方法，但我們所使用的將是一個有價值的指導性原則：在教導人們做判斷的時候，錯誤的例子往往跟正確的例子一樣的有效（Boocock 和 Schild,1972）。管理的成功往往源於失敗（Mirvis 和 Berg,1977）。雖然我們可能不常聽到或讀到有關管理的錯誤，但事實上錯誤和失敗是相當普遍的。我們以下所舉的例子都是相當典型的管理錯誤，也是經常可以看到的。

激勵

西海岸一家大藥品供應公司的地區銷售經理非常相信，人們不是天生勤奮就是天生懶惰。他給新銷售員的評語充分的反映出他的這種想法。在呈交總公司的考評表中他常常使用諸如「天生懶惰」、「天生的成功者」和「沒有幹勁」等等的評語。總公司的人事主管非常耽憂這位經理會對那些他認爲生性懶惰的銷售人員持反對的態度。的確，在對人事檔案做了番詳細的研究（這也包括對那些原被經理認爲無可救藥的懶惰鬼所做的追踪研究，這些人後來在競爭公司中却頗有表現。）之後，他得到的結論却是，由於這位銷售經理對激勵的錯誤認識，使公司損失了許多優秀的行銷人員和訓練他們所耗費的資源。這位人事主管於是將那位經理調換了一個不同類型的工作。假使這位銷售經理對人類動機能有較佳的了解，他的公司只要用較少的時間與金錢來做銷售訓練，很可能就能有一支穩定而優秀的銷售主力了。

人的獨一性

一家大型食品製造商，正計劃推出一種預期將有很高銷售量的新型速食早餐。這家公司決定指派一位專任的產品經理，監督此一產品第一年的行銷工作。由於這家公司，在目前的情況下不可能增加它的管理人員，而現有的生產經理也無法立即進行此一產品的行銷工作，所以高階主管便輕率地從中央長期部門中指定了一個以往有行銷經驗的人去負責，結果這種產品失敗了。這個產品經理犯了一個嚴重的錯誤，從這項產品的過去，我們可以看出來，此一產品經理基本上認為：產品成功與否，大部分決定於不可控制的事件，管理者所能做的，只是去期待這些事件的發生。所以他認為不太能夠控制或影響那些決定產品成功與否的關鍵因素。若當初高階主管能了解到，一個人（尤其是產品經理）對外界環境的積極態度之重要性，它也許就會選擇另一種類型的人：一個認為自己能控制情勢，並密切掌握他的決策與特殊事件間關係的人，這麼一來，這家公司不但不會賠一二〇萬美元，反而會大賺一筆呢！

挫折與衝突

在第一個例子中的銷售經理被調職了，雖然此一行動大大地提高了銷售量，但卻也產生了其它的困難。這位銷售經理在公司工作十六年，是位忠貞的幹部，他覺得他的薪水和其他福利都相當優厚，並且計劃在三年後退休。然而當他在存貨管理部門待了七個月之後，他想要離開這家公司。他懷念過去行銷的工作，也了解他再也不可能回到那個工作崗位上。同時他也知道目前的工作是他唯一的抉擇，而離開與否，使他感受到嚴重的挫折感和個人心理上的衝突（內心的交戰）。這種心理的壓力很不幸地對他的公司、同事和家庭都有很嚴重的影響。他變得脾氣暴躁、沮喪、自信心也逐漸消失。雖然最後他仍然留在公司直到退休為止，但是這種衝突和壓力卻不曾減輕過。他在工作上的技術品質令人滿意，但他的生活品質與人際關係卻很糟糕。設若當初那位人事主管對於這位銷售經理的人格有較深入的了解，並能了解到職位的調動可能引起的種種衝突與壓力，那麼他或許可以再調換他的工作，這樣對每一個人（包括公司）都有好處。然而這位人事主管並未發現這種情況，也因此引起了許多嚴重的問題和管理上的缺失。

溝通

一家科學儀器公司內的一位新產品發展計劃的領導者認爲，她最值得一提的挫折不是市場行銷的大失敗，而是溝通上的大失敗。她的公司本來可以獲得一項現已被一家競爭公司成功推出的產品的專利權與行銷權，當她的新產品發展羣要將這項產品提供給公司的決策執行者時，必須先把這項計劃寫成一篇提案，並要做一份口頭報告。這是她第一次擔任這種工作，而她的書面和口頭報告既未反映任何反對此一構想的理由，同時也不能顯示足夠的說服力，即爲何要將資金投於此項計劃。她天眞地以爲，不管她提出的報告如何，她的聽衆都會對此一提案開放心胸欣然接受，並且留下深刻的印象。她根本沒有注意到那些潛在的反對者，她以爲自己必定會成功，然而結果並不然，事實並不代表一切。由於此次的經驗，讓她學到了兩項重要的（雖然這代價很大）教訓；那就是：⑴提供一項情報，永遠有好與壞這兩種方法。⑵永遠不能假設聽衆是公正的、無偏見的。設若當初她能更仔細地、更有條理地提出這項計劃，公司的決策執行者或許會做完全不同的決定。也由於她未能有效地做好溝通的工作，使得她的公司損失了數十萬美元的利潤。

團體的壓力

一個管理者若不能了解他的部屬間相互牽制與影響的關係的話，將會引起很大的挫折。有一位本來在北紐約州一所小私立學校教社會研究的老師，現在在南加州某大城市的一所高中擔任社會研究的主任。她缺乏行政方面的經驗。她是一位爲人稱道、頗具啓發性、做事有效率的老師。很不巧地，她錯誤地假設加州這些老師，和她以前的同事一樣開放，願意去嚐試一些新的課程與觀念。但是經過幾個月的努力，她仍然無法讓那些老師們認眞地考慮或接受那些新的主題和教材。她開始覺得她的同事們正處心積慮地以各種不明顯的方式，有系統地阻礙她的努力。她決定辭職，但却又被挽留下來，繼續擔任一年的主任的工作。第一年並非完全失敗，她漸漸地了解到她的七個同事們總是避免對彼此班級的活動，提出任何詢問或建議。每個人的班級都自掃門前雪，別人也無權干涉。而這位新的主任的行爲，很明顯的違反了這種已成的情勢，她建議整個社會研究科的同仁，應該一同來檢討每個課程。這項建議却對她的同仁們產生高度的威脅性，雖然這些老師並未採取任何反對與破壞的行動。但是每一個老師對於不干涉其他老師的權限的協定都很支持與贊同，雖然他們未曾公開地討論過，但却打從心中暗暗地肯定著，成爲一個不成文的規定。所以每當主任召開會議，希望大家討論一項新的教學方法時，這些老師不是表示沒有意見就是反對。於是從第二年開始，這位主任開始單獨地對每一位老師下功夫，利用這種方式，她逐漸地能夠讓那些老師做些微地改變，甚至讓他們同意在未來的年度中，實施一些新的構想。由於當初她未能了解那些老師們彼此的協定，致使她對整個部門的提升延遲了一年，而學生們也損失了一年的利益。所以錯誤的管理決策，除了造成時間、金錢和人力的損失外，往往在人力資源的利用上付出很大的代價。

錯誤的管理決策──一種負債

以上列舉出來的一些實際的管理行爲，說明了錯誤的判斷及因未能了解人們和環境所導致的種種惡果，往往須要付出衆多的人力和龐大的資金。這本書在每一章均提出一些研究發現和原則，若能適切地應用，便能減少決策錯誤的可能性。我們嚐試著介紹這些議題中的一些重要觀念給你，這些知識大部分都是從正式的研究和進一步的個案討論中得到的結論。

前面所討論的，主要是目前我們對管理者的工作。特別是如何做一個成功的管理者的瞭解。在這章中，我們首先要介紹的是一項有關管理者成功要素的研究結果。了解這些要素，也能有助於你對以後各章所提供的新資訊的運用。同時在本章中我們亦將介紹所謂「管理生活的十個事實」，使你對管理者有一概念性的了解。當你閱讀以後各章時，你會發現藉著自己對那些擾人的工作的了解，你將能加强自己的管理能力。

成功管理者的動機因素

由於John B. Miner（1974）對一項逐漸式微的管理才能所表示的關切，他對那些可能導致成功的管理決策的動機因素，做了一個深入地實證研究。我要强調的是我們並不是在討論一些綜合性的激勵因素，而是在討論那些特質能使一個人成爲一個傑出的管理者。

Miner所提出的六項構成管理動機的要素如下：

1. 對擁有權威的人（如上司）有正面的態度。
2. 具有競爭的慾望，尤其是你的同儕。
3. 有堅持己見與掌握局勢的慾望。
4. 對別人行使權力與權威的慾望。
5. 有一種特立獨行，不附和衆人的慾望。
6. 有責任感地去實行無數日常性的管理工作。

Miner研究指出這六項因素能夠在升遷、薪資給付及其他管理效率幾個指標上，表現其與成功管理者直接而可靠的相關性。他的研究也對百貨公司、工業界的管理者及商學院未來的管理者，重覆地做過許多次，其結果也正爲成功管理的決定因素提供了最好的註脚。

因素1：對權威的正面態度

對擁有權威者有正面的態度，是Miner對成爲成功管理者的第一個標準。管理者自己也是權威層級中的一員，所以他必須像組織中的每一個人一樣，扮演好自己的角色。組織中的反叛者和革命者將會發覺，自己在管理階層中永遠爬不上來。若是想要成功地往上爬，管理者往往要擁護那些在他上面的人。

因素2：競爭的慾望

是否具有競爭的慾望，這對管理的成功與否有非常重要的影響。一個公司的獎賞資源是稀少的，它不可能使公司上下每一個人都擁有它。因此Miner認爲：沒有競爭的慾望，就不會有快速的升遷機會。反過來說，一個對競爭有正面看法的人，必定能夠成功地面對同僚、部屬及上司的挑戰，並且表現出他的管理才能。所以，如果事先就對競爭抱著規避的態度，那麼他對管理的角色必將感到不適應，而對於職位上的許多工作也就無法成功了。

因素3：掌握局勢的慾望

要求管理者堅持己見是一種刻板印象（stereotype），正如同在傳統上對男性角色的要求要積極、勇敢而能掌握一切一般。一個管理者必須能夠負責、指揮別人、控制別人，在其角色上堅持己見。那些能掌握一切的人，往往比處處被動的人，更能成功地扮演管理者的角色。

因素4：行使權威的慾望

有些人希望去控制或管理別人。Miner 的研究顯示，這種慾望的大小決定了一個人是否能成爲一個成功的管理者。那些發覺自己很難有效地控制別人的人，或是認爲控制別人是一種違反人類基本價值的行爲，將不能成爲一個成功的管理者。

因素5：希望能與衆不同的慾望

Miner 的研究指出，那些希望自己的行爲與衆不同的人，往往能夠成爲成功的管理者。正如俗話所說的：「潤滑油總加在叫得響的輪子上」，因爲它能吸引別人的注意力。從事任何工作，若想獲得快速的升遷機會，則必須挺身而出，具有冒險犯難，發揮中流砥柱的精神。簡而言之，一個成功的低層管理者必須不斷地找尋出風頭的機會，去吸引高級主管的注意力。成功的管理者將會遵照他自己的想法去做事，不隨聲附和他的團體或別人的意見，並且不斷地提出不同的意見，使得他在組織體系中能有所表現。

因素6：具有責任感

最後一項，依我們看是最重要的一個因素。如同絕大多數的工作一樣，管理工作幾乎有百分之九十是一些日常性的工作，僅僅只有百分之十的工作具有創意性。一個能夠主動且熱切地希望去從事些微小而日常性的工作的人，將比那些以爲小事不值得重視而不願意做它的人，更可能成爲一個成功的管理者。因此，一個管理者如果願意同時嚐試好與壞的兩面，將更可能獲致成功。

管理生活的十個事實

創意領導中心（Center for Creative Leadership）的Morgan McCall, Ann Morrison, 及Robert Hannan（1978），最近評論了一百篇有關「什麼是管理工作」的論文。而這些論文雖然都是作者個別的研究，但是所獲致的結論却是相同的。他們這項廣泛的評論，對於決定什麼是成功管理者所應具備的知識，是個好的開始。我們稱他們三人的發現爲「管理生活的十個事實」。

事實之一：管理者從事長時間的工作

通常經理人員一週的工作時間是五十個小時。隨著管理階級的提高，工作時間甚至可能增加到九十個小時，成功之後，工作時間只會增加不會減少。

事實之二：管理者是忙碌的

管理者不僅工作時間很長，而且還要做許多不同的事情。許多研究指出，管理者一天八個小時往往要處理大約二百件或更多不同的事情。例如：一個領班，在一天的工作中，沒有一刻能安安穩穩地坐在椅子上，他總是非常忙碌的。幸好，管理階級愈高，活動的頻率也跟著減少。

事實之三：管理者的工作都是片斷的

由於管理者必須處理大量的工作，所以我們可以料得到每一件工作往往都很短促。這表示管理者在處理事情時，往往缺乏連續性和完整性。然而，並不是每個人都能在一個片斷的、不完整的環境下有效地工作。

事實之四：管理者的工作，有許多種類

管理者一天的工作，大概可分爲五種不同的型態：紙上作業、電話、預先排定的會議、臨時的或非正式的會議與考察訪問。例如：就中高階層的主管而言，臨時的會議和非正式的接見佔了

大約百分之四十三的時間。相反的，一位高級主管，每週大概要花百分之六十的時間在參加十五個到三十個預先排定的會議上。

事實之五：管理者是嚴守崗位的

管理者大部分的時間都待在自己的部門中。實際上，在組織中階級愈高，就會有愈多的時間待在自己的辦公室。事實之一中指出：管理者的工作時間很長。但其時間的分配，則決定於其階級的高低。因此，隨著責任的加重，管理者花在店面中的時間會比較少，而花在與部門外的單位溝通、自己的辦公室及公司外頭的時間較多。

事實之六：管理者主要從事口頭的工作

由研究中顯示，一個領班花費大約百分之二十八到八十的時間在講話上。其他研究則指出，一個中低階層的主管，有一半以上的時間花在口頭的溝通上。而在較高階層的管理者當中，有的人甚至要花費百分之九十的時間在講話上。因此一個高級管理者，把他百分之六十五到七十五的時間花在口頭的溝通上，是極稀鬆平常的。而且大多數的溝通都是面對面，因此，實際上只有不到百分之十的時間，是透過電話來溝通。所以，在了解了正式和非正式的會議是這麼地頻繁後，或許你對這個發現就不會覺得驚訝了。

事實之七：管理者從事人與人之間的接觸

管理者從事人與人的接觸時，他大部分的時間所接觸的對象是部屬而不是主管。一個管理者，管人的機會總是比被管的機會多，而且他大部分的時間花在與公司同事的接觸。在中低階層的管理者中，同事間的接觸佔了管理者業務接觸的三分之一到二分之一強。有趣的是，當管理者的階級愈高時，與自己部門外的同儕的接觸也就愈頻繁。這乃是因爲階級愈高，則在同部門中與自己階級相若者愈少的緣故。因此階級愈高，愈有可能從事更廣泛、更富變化性的人際接觸。當然，一些在工作上具有特殊任務的人，像銷售經理、採購代理等，他們必須不斷地與外界的人物接觸，否則只有高級主管才會花費大量的時間與公司以外的人們接觸。雖然這些時間不過佔他們與人接觸的總時間的百分之四十而已。

事實之八：管理者並非深思的計劃者

由於管理者非常忙碌，他們自己擁有的時間極少，所以各階層的管理者很少有時間花在深思和計劃上。一項研究指出（Stewart,1967），在爲期四個星期的時間中，只有九個案件顯示一個管理者能夠有一個小時半以上的時間不被干擾。因爲管理者很少有時間獨處，所以也難找出完整的時間從事思考和計劃。即使管理者有獨處的時刻，但也往往用來閱讀和寫作。畢竟，身爲一位管理者，他的工作是非常沈重的，平常他必須處理行政作業、部屬送來的報告……等等，所以從McCall, et al. 的研究報告中指出，管理者花在思考、計劃和反省他們所從事的工作的時間，不會超過百分之五。

事實之九：資訊是管理工作的基本要素

管理者似乎花費了四分之一到二分之一的時間在獲取資訊，但只花費遠低於四分之一的時間在做決策、策略性的發展以及構想上的考慮。試想，「管理」這個決策性的工作，時間的分配竟是如此！

事實之十：管理者無法說明他們的時間是如何花掉的

管理者一直無法正確地估計出他們在各種活動上所花費的時間。他們總是過分高估了他們花在生產、閱讀、寫作、打電話和思考的時間，而低估了花在私人的接觸、非正式和正式的討論的時間。

表1-1　管理者不知道他們的時間用到那兒去了

管理者往往高估他們用在下列各項的時間			
項目	估計比率	實際比率	來源
生產	53—55	34	Burns, 1954, 1957
閱讀與寫作	32	25	Hanika, 1963
	30—39	24—29	Hinrichs, 1964
電話	9	4	Dahl and Lewis, 1975
	9—11	6—8	Hinrichs, 1964
思考（與計劃）	6	2	Dahl and Lewis 1975
	19	5	Hanika, 1963
管理者低估他們用在下列項目上的時間			
項目	估計比率	實際比率	來源
會議與不正式討論	47	69	Dahl and Lewis 1975
	44	54	Hanika, 1963
	16—46	22—54	Hinrichs, 1964

總之，管理者是一個組合性的人物。如果我們把 Miner 認爲一個成功管理者所須具備的六大要素，和 McCall,Morrison,Hanman 三人所提出的「管理生活的十大事實」結合起來，那麼管理者的形象便呼之欲出了。這個形象與我們認爲良好管理的十三項基本因素也有關係。

前面我們描述的管理者，是個非常忙碌，而且工作非常沈重的勞心者，所以他必須具有高度的動機因素（第三章）。又因爲一個管理者有許多時間是花在與人的互動關係上，所以他也必須具備特殊的知覺與人格上的特質（第二章和第四章）。此外，一個管理者必須參與決策的工作（第五章），同時也應該了解到要如何才能做一個成功的領導者。有鑑於管理者絕大部分的時間均花在與別人的互動關係上，所以挫折、衝突和壓力產生，往往是不可避免的事實。管理者必須影響其他的人們（第九章），同時也必須了解別人是如何地被他周圍的人影響（第十章）。管理者從而必須了解，存在於他所工作的團體中的各種常模（第十一章），和促使服從或離異那些常模的力量。最後要指出的是，管理者是組織所塑造出來的，也受制於組織（第十三章到十四章），因此必須在組織的觀念中才能有效的工作。

本書內容

順著一套幾經測試，合乎邏輯的次序，《實用管理心理學》可分爲四篇，每一篇等於是在社會組織的階梯中從個人社會羣體爬升了一級。

第一篇：「社會中的個人」，討論的是人格（第二章）、激勵（第三章）、決策（第四章）、學習及問題的解決（第五章）和挫折、衝突及壓力（第六章）。

第二篇：「相依性、衝突和影響力」，在第七和八章中，深入地探討兩人社會的現象，最後以領導者與被領導者的研究做爲結論。

第三篇：「小羣體之管理」，牽涉到個人和團體，包括在第十章中對團體決策的討論，而第十一章則討論團體常模、從衆與異常。

第四篇：「組織的問題」：本篇討論如何處理溝通策略和網路（第十二章）、組織結構和氣候（第十三章）和組織的改變（第十四章）。

雖然《實用管理心理學》處理了許多有關組織的問題，但它卻不是一本「組織行爲學」的書。又雖然它包含許多個別心理學的理論，卻也並非是一本基本的心理學。所以，《實用管理心理學》實際上探討了三個層面：①個別心理學。②社會心理學。③社會學。這些都是管理者或即將成爲管理的人所必須了解，以便於有效施行的。

本書可以做彈性的運用，因爲每一章都是獨立的單元，所以並不需要從頭一頁讀到最後一頁。然而，無論你從那一章開始，我們鄭重地希望你能顧及本書各篇的完整性。

本章參考書目

Burns, T. "The Directions of Activity and Communication in a Departmental Executive Group." *Human Relations* 7 (1954) : 73–97.

————. "Management in Action." *Operational Research Quarterly* 8 (1957) : 45–60.

Dahl, T., and D.R. Lewis. "Random Sampling Device Used in Time Management Study." *Evaluation* 2 (1975) : 20–22.

Hanika, F. de P. "How to Study Your Executive Day." In G. Copeman, H. Luijk, and F. de P. Hanika, *How the Executive Spends His Time*. London: Business Publications, 1963.

Hinrichs, J.R. "Communications Activity of Industrial Research Personnel." *Personnel Psychology* 17 (1964) :193–204.

McCall, Morgan W., Jr., Ann M. Morrison, and Robert L. Hannan. *Studies of Managerial Work: Results and Methods*. Greensboro, N.C.: Center for Creative Leadership, 1978.

Miner, John B. *The Human Constraint: The Coming Shortage of Managerial Talent*. Washington, D.C.: The Bureau of National Affairs, 1974.

Mirvis, Philip H., and David N. Berg (eds.) . *Failures in Organizational Development and Change*. New York: Wiley, 1977.

Stewart, R. *Managers and Their Jobs: A Study of the Similarities and Differences in the Way Managers Spend Their Time*. London: Macmillan, 1967.

Wilson, James. "Management of Mental Health in Nonprofit Organizations." In Gerald Zaltman (ed.) , *Management Principles for Public and Nonprofit Organizations*. New York: American Management Associations, 1979.

提要

第1篇　社會中的個人

在第一篇中，我們將討論傳統所謂管理的個人心理學是什麼。這其中的要點是：個人的行爲大都是由環境中的其他人所制約、產生，與引發的。而我們的問題就是，去瞭解如何將我個別的獨特性，與我們的社會環境配合得恰到好處。

第二章討論動機的問題（即人們爲何那樣做，而不這樣做）。第三章直接强調造成我們不同的獨特性——亦即人格。第四章說明我們如何決策。而第五章則講述兩個緊密相關的主題——學習與問題解決（problem-solving）。最後，第六章討論挫折、衝突與壓力的相關問題。這些寓含著重要的管理意義的人際現象。

第二章 人格

四十三歲的John Harris，是紐約一家大銀行的中級經理。自從他進入這家銀行以後，晉升的速度一直都很快，平均每三年半就會獲得晉升。因此，大家都認爲他是公司的「紅人」。但是也由於他愛諷刺人，標準高、壓迫別人，使得大家覺得他很難相處。最近銀行裏有兩個重要的職位出缺，John卻沒能獲得升遷，他也不曉得爲什麼不能晉升。而John的部屬Alan Ferris就評論說：這是由於John本身有了人格上的問題。

你曉不曉得在一天的生活中，你有多少次會提到有關他人人格的問題？你是否曾經說過：「我眞的很欣賞某甲的的工作效率，可是他的人格實在不怎麼高明。」或者「我們之所以要任用某乙，不只是因爲他受過正式訓練，更是因爲他那出衆的人格。」無疑的，你一定會發現自己在日常生活中常常用到「人格」這個字眼。本章就是要討論一些有關人格的微妙觀念。

人格是什麼?

簡單的說，使你跟別人不一樣的個人屬性、特性及特質的總和就是人格。若換個角度，以動機的術語來描述，人格就是那些使你和旁人不同的個人的目標、計劃以及促使你去做事的動力。你的人格是由你天生的能力和過去的經驗以及你在工作上、教室中所受到的各種力量，交互作用的結果。

社會科學家一直無法對人格提出完整而深入的觀點。在人格研究上，有一個爲大家所爭論的論點，那就是：「究竟人格的形成是得力於先天的能力較多呢?還是由於外界環境的影響?」很顯然的，這個爭論的結果爲何，對於一個管理者而言，是深具重大的意義。因爲，假若人格主要由於天生的能力和特性而成，那麼人員的挑選過程就比將來的訓練重要得多了。也就是說，一個人的行爲和工作表現是由於他天生的能力或特性的影響，而無法加以改進或是加强。反之，若個人行爲主要是因爲環境的作用，那麼管理者便可藉著調整環境來影響和改變個人的行爲。

特質觀點與情境觀點

二十八歲的 Beverly，最近被 Parker 工業公司雇爲地區銷售代表。Beverly 是一個活潑、進取，又盡職的年輕女子。她之所以被 Parker 公司雇用，也是由於她熱心的人格及受過良好的訓練。她很有希望在未來幾年內成爲一個管理者。Beverly 很喜歡她的工作，尤其喜愛常常跟人接觸。她也很重視工作以外的時間。譬如在工作之餘，她喜歡滑雪、溜冰和滑雪橇。她的嗜好還包括種植、觀賞花木、聽聽古典音樂和自己修理汽車。她說她的生活目標是希望將成功的事業與美好的家庭，結合在一起。

研究人格理論的學者最想知道的是，Beverly 是如何變成她現在這個樣子的呢？也就是說；汽車技工、滑雪家、成功的女實業家和賢慧的太太……等，這麼多種不同的角色，是如何結合在 Beverly 身上的呢？對於這種情形，在人格理論的發展史裏，有兩個相反的看法：(1)特質觀點。(2)情境的觀點。但是一般學者，對這兩種理論都不甚滿意。後來出現了第三種更爲複雜的觀點。我們先談完前兩種理論後，再討論第三種。

特質觀點（The Trait Approach）

依特質的觀點，Beverly 是生來就具有她現在的這種特質。她之所以會喜歡人，對汽車和古典音樂有興趣，都是由於天性。她喜歡人，很可能是因爲她天生就有喜歡與人在一起的傾向，而不喜歡疏離人羣。她愛修理汽車，特質論者會說，那是因爲她天生就有機械方面的性向。總而言之，特質論者强調遺傳和現在尙未得知的生化過程。這種過程，早在 Beverly 還是個胎兒時，便已預先決定了她將來的行爲型態。在特質分析裏，幾乎忽略了 Beverly 整個生活的各種環境因素及影響。較狹義的特質論，對 Beverly 人格的發展只有概略的說明，並且認爲她不會採取一些行動，以改變她現有的人格。

特質論者現在已漸不流行，但它的偏狹性，却對黑人與白人之間智力差異的爭論，有很大的煽動作用。依特質論來看，這種智力上的相對差異，起因於遺傳和種族特性，而不是由於環境、經驗，或者學習因素。（有關特質論與人格的通論，請參考 Wiggins etal.,1971。關於特質論與種族，請參考 Jensen, 1973）。

E.O. Wilson（1975）在他的《社會生物學》（*Sociobiology*）一書中，對這個以遺傳爲根本的行爲理論有較新的解說。依據 Wilson 的說法，社會生物學是在生物學的基礎上，對所有社會行爲所做的系統研究。Wilson 又說，社會生物學與社會學不一樣，它嚐試著把社會學變成一個由生物學、遺傳學和達爾文進化論的整合體。因此，Wilson 希望羣體行爲、溝通、攻擊、管理角色、甚至談判等主題，都能透過更好的研究，而被證實是調適的、進化的行爲型態。人們採用這些行爲，以加強他們在這個不斷變動的環境裏羣體生存的機會。

Wilson 承認，社會生物學目前尚稱幼稚，而且在把所有社會行爲歸因到遺傳和進化的基礎時，遇到了不可避免的困難。他的反對者（例如 Lewanton,1979）認爲 Wilson 的論點在理論上和實證上都不夠充分，而且不太可能被證實。

修正過的特質論，對人格科學家和管理者而言，比較有用處。因爲這些理論還強調一個人（包括嬰兒和兒童時期）的早期經驗，是日後人格型態的主要決定型態。因此，一個優秀的管理者之所以會成爲一個偉大的領導者，完全是因爲他有幸成爲家中的長子，使得他在孩童時代沒有遭受任何心理上的創傷，有機會參加野營，或者充分的享受愉快的家庭生活，所有種種都可能培養出他的管理能力。

Michael Medved 和 David Wallechinsky 合著的書：《六十五級這一班究竟發生了什麼事？》（What Really Happened to the Class of '65?）中，提出一個人格特質來源的探究的一個好例子。他們有一位同學名叫 Harvey Bookstein，在班上，他一直是一個令人困惑的異端分子，也是一個完全被數字遊戲所吸引的孤獨者。十年以後，Medved 和 Wallechinsky 一直想知道 Harvey 到底在那兒？現在怎麼樣了？可是都沒著落；直到有一次他們翻到 Yellow Pages，有關「會計師」部分時，才發現他的大名赫然列在上面。Harvey 解釋他對數字的偏好（或特質）時說：「我的父親是一位會計師，所以我實際上從未有一個眞正的父親，他也跟人合夥做生意。從小我就一直希望長大後也能做我父親所做的事情。我很小的時候，父親就把我帶在身旁，而我也很喜歡這樣。所以當其他小孩想要做一個警察或救火員時，我卻一心一意只想當一個會計師。似乎我之所以會存在這地球上，就是爲了這個目的」。

然而不管他們把人格型態的原因歸結於遺傳因素或是幼年時代的經驗，特質論者都要我們相信，我們的人格都是在我們接觸人們以前，就已決定好了。根據他們的說法，根本沒有辦法改變任何一個人的人格特質，或者透過訓練來改變原來的樣子。倘若特質論者的觀點大部分是正確的，那在管理上的涵意就是：領導（第九章）才能必須被視爲是與生俱來或在幼年時期便已形成的特質，因此無法藉由訓練或成年後的經驗而改變。由於這些原因，特質論者有時被稱爲人格的偉人理論，也就是偉人是天生的，不是造就出來的。同樣的，那些充滿進取心的人，或者盡職、聰明的人都是天生的。管理者也是天生的，因此管理自己或他人的工作，基本上就只是一連串的選擇。在管理者替自己選到適合的工作以後，他的中心課題是選擇某些已具有特定能力的人去執行特定的工作。至於訓練和一切爲了增加工作績效而作的環境上的改變，都被視爲是不必要的支出。

情境觀點（The State Approach）

人格的情境觀點與特質觀點正好相反。情境論者認爲，個人在不同的環境下，可能表現出很多種不同類型的人格。環境，尤其是管理的環境，乃是造成 Beverly 獨特行爲的最主要因素。如果 Beverly 處在另一個環境下，那麼她人格裏的不同面，就會顯現出來。例如，情境論者把 Beverly 對人的喜愛歸因於她的同事喜愛她。至於她對汽車修理興趣，則源於高中時的汽車機械課程，或者是因爲一個過去的男朋友對汽車很有興趣的關係。

當然，即使是狹義的情境論者，也會把個人生活經驗視爲人格形式的最重要的因素，情境論者强調，生活經驗是個人人格的重要基礎，尤其是個人對過去經驗的知覺（Lewin,1951）。由於記憶並非全是正確，所以情境論者認爲，是我們所記的經驗決定了我們是怎樣的一個人，不論這些記憶多麼不正確或被扭曲。例如，Lewin（1951），他是一個標準的情境論者。在他認爲，不管你在兒童時代是否眞的被打過，只要你現在記得你被打過，那你就會受這記憶的影響。因爲指導你的思想與行動的是你當前的知覺。

情境論者認爲，人格是根據我們此刻的特殊情況而作用的，不管我們的角色是一個管理者或是家庭裏的一分子。因此，人格是可變的，可訓練的。一個人不只是一個個體，而是一些獨特人格的組合，在不同的環境下，顯現出不同的人格。因此，情境論者有時又被稱爲「情勢精神」論者（Zeitgeist），因爲他們認爲一個人，譬如一個管理者，他之所以會在某個角色上做得很好，主要是因爲目前的工作環境所促成的，而不是因爲這個人有什麼特別之處。

情境論在管理上的涵意與特質論的分析恰好相反。如果環境是管理上最主要的因素的話，那麼環境就要經過特別安排，以便增進員工成功的機會。此時，選擇正確的人已不再是重要的事情。而訓練、薪酬，甚至是同僚們，都可能是致使良好的工作績效的因素。

特質論和情境論，二者對管理者都有相當的價值與啓發。但是，人格最好的解釋既不是純粹的特質觀點，也不是完全的情境觀點，而是一種複合觀點。在我們大概的看過特質論與情境論的一些先驅們的論點後，我們會討論一些複合的觀點。

人格的兩種特質觀點

在衆多有關遺傳或早期經驗的人格理論中，有兩種對管理者最爲有用；它們分別是由 Sigmund Freud 和 Erich Fromm 所提出的。另外有一種爲 Abraham Maslow 所提出，但它比較偏重動機的觀點，我們將在第三章討論。

佛洛依德的人格理論

Freud 的理論，普遍地受到誤解。儘管如此，他那智慧的靈光，對大家所造成的影響是無可置疑的。任何有關人格的討論，都無可避免地會提到 Freud 。在本書中，我們也對 Freud 的理論，做浮光掠影式的介紹，來改變大衆對他的理論的誤解。目前，尚無一本介紹性的書籍，能以少數的幾個章節，對 Freud 做一個公正的評述。若你有興趣，可參考 Hall 所著的「A Primer of Freudian Psychology」和 Stafford—Clark（1971）的「What Freud Really said.」

Freud 提出心智三部說的觀念和一個相關的人格三部說的觀念，以解釋人格發展的源起。在心智方面，他說：人的思維和感覺過程可分成「意識面」（conscious）、「弱意識面」（preconscious）、和「潛意識面」（unconscious）三部。所謂意識面即是：一切我們能隨心所欲有所知覺的思想、感覺、記憶和其他眞實或幻想的心理想像（例如，你現在的住址或一起工作者的名字）。弱意識面也是一樣有思想、感覺和記憶，只是它們不容易回想起來，譬如，你以前曾住過的地方的住址、舊電話號碼、國小三年級時導師的名字，和其他諸如此類的記憶。像這些也都能知覺得到，只是需要花費較大的努力。在整個心智、能力上，意識面與弱意識面只佔一小部分而已。

潛意識才眞正包含我們的思想、感覺和記憶的大部分。然而，潛意識的內容却無法隨意或者以其他方式來記憶（除非透過一個熟練的心理分析家的幫助）。這部分的心智，包含了很多不愉快的經驗、記憶和感覺，這些都是在他過去生活中曾經發生過的。Freud 認爲，尤其是幼年時代所經驗到的潛意識思想和感覺最重要。因爲某些感覺是不愉快的。人們花費很多的心理能力想要把這些經驗，從知覺中除去。也就是說，人們壓抑這類經驗，以避免心理的痛苦。因此，人最多只表露出三分之二的眞面目，剩下的三分之一，即是潛意識部分。這是無法直接觀察的，但它確實影響我們的意識行爲。譬如說，當我們參加一個煩人的集會時，忘記帶眼鏡，或者對某人失言——如某位年輕人對一個年輕漂亮的小姐說：「我可以跟你睡覺嗎？」這都是顯示出我們潛意識或觀察不到的動機。Freud 稱這些事例爲日常生活的心理病理學。

Freud 在人格方面的觀念與他的心智三部說並行，但並不彼此關聯。依 Freud 的理論，嬰兒所擁有的第一類人格是「本我」（id）。這在拉丁文是「it」的意思。「本我」是一大串本能的力量，這主要是求生的驅力。雖然在剛出生時，只是一個廣泛的、無向的生命驅力，但是在最初的幾年內，「本我」開始評估並嘗試滿足身體上的各種需要，例如餓與渴。很不巧的是，本我不能分辨幻想與現實，即使僅是一個白日夢的漢堡，也可能跟眞的吃了一個漢堡一樣的滿足。本我也從不考慮社會習俗、法律、習慣或者別人的權利。

在生命的最初幾年內，由於本我無法分辨幻想與現實，自我（ego）於是慢慢出現了。本質上，自我能協調本我的需要與現實之間的關係，它能分辨什麼是虛幻的，什麼是眞實的。在我們想到「漢堡」時，它也能告訴我們是否能拿到，並指引我們到適當的地方得到漢堡。無論如何，自我，是人格中思考、推理和合理化的部分，是完全沒有道德意識或良知的。本我確定了所要滿足的目標，如性或飢餓，或名譽，或認知，然後自我便以一種實務的方法來滿足它們，不管合不合乎道德規範。

Freud人格要素中的最後一部分，大約從五歲左右開始發展，這就是超我（superego）。超我代表所有內心認定的（內化的）規則、習慣、習俗及父母教給小孩子的常模。超我，包含文化上的禁制和父母教導我們的各種獎懲關係。這往往都與本我的欲求有所牴觸，因此，當一個人的本我注意到一個漂亮小姐，而有了性滿足的需要時，超我就會喚出反對這種行爲的禁制和宗教限制，並想法子把這種心理力量，導向一種可被接受的行動。

因爲本我與超我之間的衝突，自我必須居間協調兩者的需要。自我嘗試以中庸的方式，儘可能滿足兩者。亦即依 Freud 的觀點，本我與超我之間的一場劇烈的衝突，就由理性的自我居間協調了。

當我們把 Freud 對心智和人格的解釋和 Freud 的發展階段結合起來以後，我們對人格型態就有一個淸楚的概念了。在這些個發展的階段中（大約由一歲到七歲），每個人都會經歷數個由本我的本能和性需要所支配的時期。每個狀態都代表本我和超我之間的一個戰鬥，若要人格持續發展下去，這些戰鬥就必須要圓滿地解決。如果未能得到適切的解決，Freud 認爲個人就會產生「固著」的現象。而這種現象會影響個人日後的人格。下列是各個發展階段：

1. 口腔期：（oral stage）：這個階段包含兩階段，時間大約是由幾個月大到三歲之間發生。較早期的階段稱爲口腔協調期（oral incorporative），其特徵爲嬰兒喜歡把東西擺在嘴裏，並加以咀嚼。這種行爲可以讓嬰兒得到快感與滿足。口腔期的第二階段稱爲口腔排斥期，（oral expulsive）這時嬰兒喜歡把東西擺在嘴裏，經過一番咀嚼後便將它吐出來。

2. 肛門期：（anal phase）在這個發展階段中，肛門四周開始受到注意。這段期間通常是在三歲到四歲的排糞訓練期。肛門期也分成前後兩階段。第一階段是肛門排斥期，嬰兒由排糞可以得到快感。第二階段是小孩經由父母的教導而進入肛門協調期，即藉由控制括約肌，不隨便排出糞便。除非得到社會的認可。

3.性器期：（phallic phase）大約在三到五歲間，性器四周成爲嬰兒性滿足的主要來源。

4.潛伏期：（latency period）大約由五或六歲一直到青春期間，男女孩喜歡跟同性在一起。這是保存性能的時期，也是爲日後生活中最主要的性心理事件做準備的時期。

5.生殖期：（genital phase）一個人若成功地渡過上述各個階段，而無固著現象產生，他的人格最後會把他的精力轉移到異性身上。Freud 認爲，一個到達這個狀態的人會樂於與異性在一起，並且由某個異性身上得到生活中最大的滿足。他學著由 Freud 所謂的「快樂原則」（pleasure principle）（或者說要求立即滿足本能欲求和目標）變成「現實原則」（reality principle），（也就是知道要暫緩自己的需求，而在社會認可時，才尋求滿足，並以社會許可的方式爲之）。

我們前面已提到，並不是每個人在這段本我與超我的爭鬥中，都能保持不受傷害。在上述每個發展期中都有可能出現固著現象。口腔期若發生固著，就可能變成一個依賴的、緊抓不放、貪吃的人，或者是一個尖酸刻薄的人；這完全是依固著發生在口腔期的那一部分而定。在肛門期發生固著，可能會變成一個習慣在家裏和辦公室裏，到處亂丟東西的人，或者變成一個極端吝嗇的人，自己的東西、金錢甚至言語都不輕易送給人家。在潛伏期發生固著的人，很可能會變成同性戀者，因爲在這個階段，他或是她最喜歡跟同輩中的同性在一起：由於心理的創傷，而在潛伏期發生固著以後，就永遠不會把他的精力轉移到異性身上。（潛伏期與同性戀間的連結關係，並未得到證實。而同性戀本身也無法證明其爲不正常的行爲。）

由Freud的人格發展階段理論中，我們可歸納出三個重點：

1.我們人格中的大部分都包含在潛意識中，而這是我們無法知悉的部分。

2.我們人格的形成主要決定於五或六歲以前。Freud最喜歡引用一句話：「從小定八十」（the child is father to the man）除非經由心理分析的過程，對於那些我們不喜歡的人格面，我們仍然是無能爲力的。

3.我們許多有知覺的行動和願望，背後所隱含的目標往往是異於我們自己所認定的。例如，我們之所以努力工作，成爲一個成功的管理者或鋼琴家，並不是因爲我們天生就喜歡競爭或超越別人，很可能是因爲我們有一股不爲社會所允許的衝動，必需被導引（昇華）到社會所能接受的途徑上，以避免社會大衆的譴責甚或監禁。Freud對人格的描述並不具有鼓勵向上的作用，但它卻相當有趣，值得你看一看。

對於Freud的理論，我們有兩個看似矛盾，卻對管理者頗爲重要的觀點。第一點是不要對Freud的理論太過重視，因爲這些理論中的大部分都沒有科學證據的支持；Freud的反對者打趣的說：人有潛意識（這我們看不到）是一回事，但說這潛意識裏充滿了各種傢俱（這我們當然也看不到），卻又是另一回事。假如還要說我們能搬著這些傢俱到處跑，那就太過份了。第二點是根據Freud的理論，我們要知道並非每件事情都像它表現出來的那麼一回事。孩提時代的創傷、早年的生活經驗及記憶對我們的影響遠勝於我們所能想像的。John之所以有人格上的問題，很可能是因爲他母親對待他的方式所引起的，而不是由於John的能力不足。雖然，我們無法有意識地改變這些被誤置的潛能，但至少 Freud 的理論告訴我們要深入地了解我們之所以變成現在這個樣子的理由，並思索是否還有其他更微妙的原因。

佛洛姆的人格理論

Fromm 在他早期的研究中（Fromm,1941,1947），以人們因爲遠離天性與其他人而產生的孤獨感和隔離感做爲他理論的主要論點。基本上，Fromm 認爲，當人們隨著年歲的增長而得到愈多自由的同時，人也變得愈來愈孤獨。自由變成人們所亟欲逃避的一種狀況。大家反而喜歡有安全感、順服權威，或者讓其他人主宰自己的命運的傾向。另有些時候，人們也會傾向於分享愛和工作。

Fromm 認爲，社會是人們爲了解決人性基本上的矛盾所造成的。這個矛盾是男人女人同屬大自然，卻又被迫分爲兩個不同的部分。也就是說就人類生理需要而言，與動物沒什麼兩樣，但人類却同時又超越了動物的境界。人類是自覺的、有理性的、富同情心的，這是其他動物所不能及的。因此，在 Fromm 的理論中，人們最主要的需求是一種與他人的關連感（relatedness），是有根的感覺，或安全感，是認同感，或者說曉得自己是什麼樣的人。

由社會與個人的互動關係中，Fromm 歸納出幾個獨特的性格類型，這些性格常出現或重現在人格發展之中。Fromm 認爲，在西方的資本主義社會中，底下五種類型是稀鬆平常的：

1. **接納型**（receptive type）：具有這種個性的人，多半喜歡加入羣衆，他們的人格是柔順服從的。他們十分容易接納權威，通常都是被支配的一羣。

2.剝削型（exploitative type）：這種人是權術主義者（Machiavellian），喜歡利用他人，往往可以爲了自己的利益而犧牲他人的利益。Fromm 描述這類人的特徵爲精打細算、擅弄權術、不關心他人。這種人格類型，可以用一句成語來總結：「爲達目的，不擇手段」（the end justifies the means）。

3.吝嗇型（hoarding type）：Fromm 認爲這種人主要是資本主義社會的產物。最典型的例子是那一毛不拔的鐵公雞。這種人喜歡攢聚個人的、心理的，或感情的佔有物。如果成功即是財富或個人權利，那他或她就會把成功看得很重。因此這種人最大的特徵是小氣。

4.交易型（marketing type）：這種人付出就是爲了獲得，不管獲得的是物質上、心理上或是感情上的事物，他付出愛是爲了換取別人的愛；付出友誼是爲了地位，就好像付出錢是爲了得到一部新車一樣。除非他認爲交換的比例，或價格合理，否則，他不會參與任何互動關係。

5.生產型（productive type）：這是 Fromm 所提出五種類型裏，唯一完整發展的人格。這種人會視實際需要，而成爲順服型、剝削型、吝嗇型，和交易型的人。他並不侷限於任一類型的個性。這種人有生產力，能與別人分享愛，與他人一起工作。

在人與社會的互動過程中，Fromm 把社會描述成爲大壞蛋。Fromm 深信人天生是善良的。雖然社會是人們為了滿足需要而設立的，但是社會把人的善良本性破壞無遺，上述五種類型的前四種是沒有效果的、是生產不足的，是無益的人格；只有第五種，生產型才是眞正有用的人。Fromm 對這問題的解決方法非常簡單：重建社會。

Fromm 的理論在管理上的涵意跟 Argyris（請參考第六章）的主張差不多。如果工作場所令員工有挫折感，或競爭性太強，因而不是一個具生產性的環境，那就要改造工作場所。又如果員工與管理者太過順服、剝削、吝嗇，或是太過交易導向，其原因並不在於他個人的人格本質，而是由於他們發展人格時的情況和工作環境所形成的。在這層意義上，Fromm 的特質論提供了一個過渡到環境與人格發展的情境理論的踏脚石。

人格的情境理論

人格的情境觀點不重視個人天生的特質，以及早年經驗對日後個人行為的影響。人格的情境論者認為個人的人格，主要受當前的環境因素的影響。而當前的環境中，影響最大的兩個面，一為環境的支持情形，二為環境中的他人。我們對某一環境的感受和他人對同一環境的知覺，都會影響我們。

情境的影響

如果你曾在美國旅行過，你就會知道美國各個區域，有著不同的氣候，而且似乎也造成了不同的行爲型態。而這行爲型態，有部分反映出這區域的地理位置與天候特徵。例如，我們對南方人的刻板印象是動作緩慢、慵懶的，對東部和北部人狂亂的步調則覺得沒有必要。對於住在西部和西南部的人，一般認爲他們在生活型態上比美國其他區域的人開放。有些人甚至認爲，喜歡寒冷天氣的人與不喜歡寒冷天氣的人，在生活型態和人格特性上有很大的不同。不管上述關於區域差異的論點是否正確，我們似乎可以在環境差異與表現出來的人格面之間，做個類比。

住在難民營、監獄和醫院裏的人，在人格上很明顯的顯示出環境的影響。我們有强而有力的實驗證據顯示，在難民營裏很可能變得瘋狂；在監獄中會更有犯罪的傾向；住在醫院中則會眞的生病。環境要求我們以適合環境的方式生活，若不照做則會得到懲罰。

社會心理學家 Robert Barker（1963），研究互動環境對人格表達的影響，他將環境稱爲行爲場景（behavior setting）。行爲場景無所不在，並且也像藥房、櫃台、教堂、工作地點……等等，因著實際的需要，而有不同的擺設。那些個符合行爲場景的，就能成功，否則即會失敗。如此，我們可以明白加强管理效能是有可能的。

例如，在餐廳中，我們就不會要求過夜，或者換機油等事。這正是行爲場景限制了我們，並使得我們在這裏的行爲，不致於渺不可測。靈巧的管理者經常修正他們的工作環境，以使部屬的表現能符合管理者的希望（見第八章）。

然而，往往由於管理者的希望不只一個，所以最佳的管理環境就變得相當複雜。雖然在美國現在有各種不同的工作環境，但是最常見的工作環境是：低層管理者要對權威的要求有所反應，總工作時間的固定、儘可能避免工作，以及對分配的工作感到不滿……等。若想要做好一個好學生或低階層員工，具備下列幾種特性是重要的：願意服從權威、顯出獨特性與耀眼的鋒芒。一個典型的環境多半會使我們無法具備上述的行爲型態，因爲它會禁止我們有太多的創意，不許有猥褻的幽默感，並會消除獨立性、冒險性等。

然而，高階層管理環境的要求，很可能與低、中階層的有很大的不同。（Rockwell,1971）公司往往希望在其內部激發創意與冒險性，可是不巧的是當管理者由中階轉移到高階管理環境時，前面所述的典型環境可能會對此有所妨礙。畢竟一般公司很可能已經把它們的管理者徹底訓練成不適於高階層管理的人格型態。

標識與行爲：別人眼中的我

另外有一項比環境因素對人格型態影響更大的，那就是別人對我們人格的知覺。情境理論的極端是一個社會學的理論，叫做標識論（labeling theory）這理論認爲，我們生活中重要的人物，（如父母、上司、朋友），爲了簡化他們的環境，並對我們有較明白的印象，常常便把一些標識加諸我們身上，如此，他們便較能瞭解我們。譬如：大家說Mary待人很好，嘴巴很甜，很有雄心，卻又有依賴性；而 John 則可能是怪異的，或者瘋狂的。因此，我們人格特質中的大部分其實都與別人對我們的看法有關係（請參考 Scheff,1966; McCall and Simmons, 1966）。這個理論又強調，我們對自己的認識大部分都是由別人的反應中得知的。因此，我們生活中的重要人物對我們的反應，就與我們對自己的反應有很大的關係。

情境論者認爲，我們就是透過這些個別人對我們的標識，確認自己是個怎樣人。不斷地罵你的部屬懶惰或愚蠢，甚至讓他們知道，如果不是社會因素的緣故，你實在很想罵他們愚蠢、懶惰。這樣眞的會使他們具有這種令你非常不喜歡的行爲和人格型態。

由下面的例子中，你就可以明白標識的影響力。有一個著名的心理學家，挑選了一羣性向和能力相同的學童做實驗；觀察者在一次煞有介事的心理測驗後，告訴其中百分之二十的學生說他們比較屬於「大器晚成」這一類型的人。然後請老師注意在下一學年中，他們的能力和性向方面進步的情形。其餘的學生則不給他們這樣的標識。結果正如標識論所說的一樣，在下個學年中，那些經由心理測驗而被標識爲「大器晚成」的學生，在學業和平日表現上，都不如其他學生優秀。這個標識的影響持續了好幾年。更重要的是，它似乎還有一種自我加强型態產生，也就是那些被老師稱讚的學生（通常是因爲老師喜歡這些學生，希望他們能有傑出的表現），在智力測驗上的得分通常比那些未被稱讚過的學生高。

下面的第二個例子，顯示我們對別人的標識有强烈的影響力，甚至可以及於心智不正常的人（Braginsky et al., 1969）。有三組病情差不多的精神分裂患者，分別接受心理學家的測驗和面談。隨著測驗目的的不同，觀察者告訴病人不同的談話內容。他們告訴第一組的患者，這次測驗只是一次例行的醫院檢查。第二組的患者則被告知這次測驗乃是要看看他們是不是好的差不多了，可以離開醫院回到家裏，重返社會。第三組則告訴他們，這次測驗是爲了要看他們的病情是否更嚴重；若是則要被移到比現在更不自由的病房裏。觀察者對第一組並沒有改變對病人的標識，對第二組則可能要將他們的狀況改變爲「痊癒」；第三組則改變成「病情惡化」。

研究者推論說，第二組和第三組的患者會受到將被改變標識的威脅，因爲多年來他們已習慣於扮演他人對他們的標識——精神分裂症患者。實驗的結果證實了研究者的推斷。第一組的患者，測驗所得的結果與以前差不多，在面談中的表現也跟平常一樣。第二組的患者測驗的結果，顯示他們的病情有加重的跡象，這很可能是爲了避免被從一個安全的環境中送出，因爲在這個環境中，他們知道該怎麼做。第三組的患者則在行爲和測驗結果上都顯示出病情有重大的進步。標識論者認爲，我們就是別人所稱呼的那個樣子，我們也會修正我們的行爲，以便和他人賦予我們的標識求得一致。

範例2～1 Pygmalion 效應

心理學家 Robert Rosenthal 對 Oak 小學的學童做了一次“Harvard Study of Inflected Acquisition”，這是一個假的測驗，它聲稱能找出資賦秉異的孩子，並能預知學童們近期內的大進步。Rosenthal 隨意的挑選了學生中的百分之二十，然後把他們的名字告訴老師，說他們是很有潛力的學生。本研究的假設是⑴這些老師將期望這些學生表現良好；⑵因此，老師將對這些學生有不同的待遇；⑶這些學生也眞的會表現很好，但事實上，他們並非眞的能力比較强，完全是因爲老師對他們的期望改變的關係。一年以後，接受研究的六個年級的學生，其智力商數的總合變化如下表：

雖然有些年級的學生沒什麼變化，但大體上說來，那些任意指定爲有潛力的學生，確實在這一年內都表現得比較好。另外，這些學生在閱讀能力上的分數，都比以前高，表現得更聰明好學，活潑快樂，比較不需要社會的贊同。

假如你眞心相信你辦得到，誰說你不能？在這個例子中，高動機與高能力，能夠任意的產生。那些得到較多正面注意力的學生，也因此改變了他們的行爲。

人格的情境理論或標識理論在管理上的涵意是相當明白的；若給你的同事一個負面的標識，那也就是創造一個負面期望的環境。譬如，替 John Harris（那個有人格問題的銀行經理）取個綽號叫"Hatgaw Harris"（即 hard-to-get-

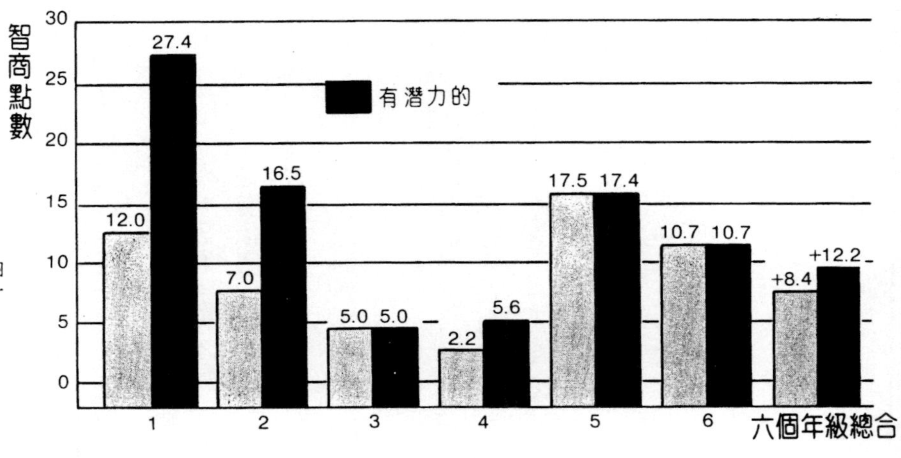

along-with Harris 的縮寫），那會使他眞的以爲自己難以相處。如此，跟他一起工作的人就麻煩了。標識可能會使銀行和銀行裏的每個人受傷害。但這並不表示只要給 John 一個正面的標識，就能解決他的問題。

正面的標識能產生正面的結果，修正個人的人格，以使個人成功，公司獲利。你不妨想想看，假若把 Beverly Mason 視作初級管理階層裏的一顆明日之星，那麼會有什麼樣的結果？給她一部車子，一間新裝潢過的辦公室，並賦予她更多運用資源的權力，很可能會激發她更大的努力，而更早發揮她應有的潛能。標識力量的强弱，是選擇問題。它可以强調正面的特質或人格的缺點。

儘管人格的特質觀點認爲，我們的人格是與生俱來的，或經由早期經驗塑造而成；但情境觀點却認爲環境或社會的因素才是產生和改變人格的要素。同時，與我們產生互動的人們，對我們應如何表現，有著一定的偏見、標識、刻板印象和態度。而我們多半也會依照他們的觀感來修正我們的行爲，也就是說，環境會塑造我們。

人格的複合觀點

不管是由人格理論的發展來看，或者由我們對人的了解來看，我們都可以明白：人格既非全部決定於特質，也不是全部決定於情境，而是這兩者交互作用的結果。在討論下文前，我們必須先明白，管理者究竟值不值得去瞭解任何一種這樣的人格複合觀點？這答案不僅是肯定的，而且最少需要瞭解下列三種理論：控制歸因理論（locus of control theory）；信任理論（trust theory）；以及動機確認理論（theory of motivational orientation）。它們都是人格的複合觀點，結合特質和情境觀點來解釋爲什麼人會發展出具有獨特人格的個人。

控制歸因

控制歸因理論（Rotter et al, 1972）認爲由於個人早年經驗和當前環境的綜合效果，我們可以依管理者對於他們生活中發生的事情的感受，將其區分爲兩類。

我們當中的某些人，（很可能大部分的管理階層人士都是）常覺得自己對每一件與自己有關的事情，都能有絕對的控制。我們認爲升遷和其他事情，多多少少都在我們的控制之下，其主要決定因素是：我們願意努力的程度、我們替自己造就的機會，和我們對環境的操縱。那些覺得命運操在個人手中，並由自己的努力來決定，而不是受外在力量控制的人，我們稱他作「內控型」的人。

另一型的人雖然爲數較少，但也佔了全體中不可忽略的部分。他們總覺得自己所經歷的一切並不在自己的控制之下，而是受制於運氣、命運、機會，或其他外在的，不可控制的力量。對這些人而言，晉升是因爲運氣好的緣故。若不是因爲某些他們無法控制的因素或運氣的關係，這次的晉升，很可能就輪不到他。這種人我們稱作「外控型」的人。

不同的控制歸因，會使個人在同樣的環境下，有極爲不同的行爲。譬如說面對一件艱苦的工作，內控型的人爲求成功，很可能會加倍的努力，挑燈夜戰……等等。外控型的人則很可能跟平常一樣的工作，並且相信命運會做一切的安排。相反的，當面對失敗時，外控型的人很可能會把它歸因於命運不好、沒有機會等因素，而不像內控型的人那樣，受到失敗的傷害與打擊；因爲內控型的人會把失敗歸咎於自己能力不足，或努力不夠。（見Phares,1976），所以，管理他人的策略運用，就要因著所管理的人是內控型或是外控型而有所不同。對內控型的人而言，成果必須要緊隨努力之後出現，因爲他們對於自己是否能控制成果，相當的敏感。對外控型的人而言，長時期的工作與成果，並不特別與努力有明顯的關係時，反而更能激發努力。究竟各階層管理者該選擇內控型或外控型的人來擔任較好呢？這是一個相當緊要的問題。

但是另一個對你更重要的問題是：你是那一類——內控或外控？要找尋這個答案，可由你現在的工作環境得到。你的管理工作或學習環境允許你以自己特有的方式行事嗎？你覺得很順心還是不如意？有些工作特別適合內控型的人，如作家或銷售經理。另有一些較適合外控型的人，如幕僚分析師之類的工作。很明顯的，每個人都要把他的控制歸因與其工作環境適當地配合。

信任理論

信任理論在觀念上與控制歸因理論很相似（Rotter et al,1971）。它認爲由於我們早年的經驗與當前環境的關係，某些人習於對他人的話寄以高度的信任，但另外有某些人則是對他人的聲明都存著相當的懷疑。這項人格特質，可由一個管理者在公司中所要求的檢查、授權、控制和規劃的數量多寡看出來。一個人放鬆控制系統，並放手讓他人去執行命令完成工作的程度，不僅決定他對時間運用的好壞與否，同時也決定了他是否成爲一個好的管理者。

低度信任的人，事事都必需自己動手，永遠也不可能在大公司中晉升到高階層管理者的職位。因爲高階層管理者必需要依靠他人的工作與言語來把事情做好。反之，那些過度信任他人的人，可能無法運用適度的控制與管理監視系統，以維持管理品質。然而，管理學院的學生與中層經理間，最常犯的錯誤是過份地不信任他人。擴張信任度是可能的，而且處理你的人格的信任度，就跟管理部屬一樣重要。

動機導向的人格（Motivational Orientation）

最後一項有關管理者的人格劃分是：一個人本質上是合作者，還是競爭者(Rubin and Brown, 1975）。合作者認爲他人會對共同的目標有所體認，爲求成功，會願意合作。並由此一合作獲得整體的利益。然而，合作者也能明白，什麼時候共有的合作目標是不存在的。因此，他們不但能辨識合作者，也能辨識競爭者——那些沒有共同目標的人們。

相反的，競爭者則無法知覺他人合作的意願。因此，不管他人的動機導向是合作還是競爭，一律將其視爲競爭者。一位積極進取、精力旺盛、「彼可取而代之」的管理者，很明顯的是個競爭者。他在一家極富企業精神或冒險氣氛很濃厚的公司中，可能會覺得很愉快，但他若在像 Du Pont 這樣的公司，必然會很糟糕。由於合作者可以感受得到同事或部屬的合作意願和競爭企圖，因此，當情勢需要時，他們能表現出合作的態度。反之，必要時他們也可以極富競爭性。

隨著競爭者認爲，自己與他人利益衝突的程度增加，那麼他與別人的合作便愈困難，而合作的能力卻往往又是管理生涯中成功的必要條件。

控制歸因、信任和動機導向理論，指出了管理人格中的三項中心要素。不論管理具有高或低度信任，是內控還是外控，是合作者抑或是競爭者，他都能反應出他的早年經驗、當前環境，或是標識的影響力。一個人在這些向度上的位置與在管理團隊中的表現有很大的關係。成功的管理者通常是內控型的，有中度信任感，並且是一位合作者。由於這些觀點把情境和特質（或早年經驗）結合在一起，因此他們不會把你限定在任何一個特別的坑中。如果你不喜歡你現在的位置，你當然可以想法子改變工作或者至少可以改變你現在的工作環境。

摘要

本章已闡明了一些有關人格的古典與現代的理論。研究人格的原因及決定因素，有兩種觀點。第一種是特質觀點。它認爲我們之所以會成爲現在這個樣子，大部分是由於遺傳與早年經驗的結果。Freud 和 Fromm 的人格理論認爲：假若你不喜歡你自己，那麼除非去找一個專業心理分析家，或積極的去將社會重組。否則，你自己是無能爲力的。人格的情境觀點則認爲：我們之所以會成爲現在這個樣子，主要是由於我們當前的環境與我們對它的知覺的結果。環境因素對管理角色的影響有兩方面：環境本身和他人的反應。環境對我們有特定的要求，並拒絕我們不合時宜的反應，因而塑造我們的人格。在一特定環境下，他人的反應以及他人給我們的標識，也引發或促進了特定的人格型態。根據情境理論的觀點，我們是什麼樣子，主要受他人認爲我們是什麼樣子的影響。當然，它也與特定的環境有關。

我們討論了三種複合的人格理論（控制歸因、信任，與動機導向）。因爲這些理論都嚐試著把特質論和情境論二者的最佳部分結合在一起，這有助於我們對管理角色和一般人格特質的了解。管理者依他們對努力與結果之間關係的看法，可分爲內控型和外控型。又依他們信任度的高低，而表現出對人言語的懷疑或採信。因動機導向的不同，他們也會視與他人間的互動關係爲合作或競爭。

值得管理者注意的是，人格的行爲往往多少受工作特性的影響，但也有一部分受到工作環境、獎懲系統、訓練制度和工作機會等因素的影響。當某人缺勤時，便立刻罵他天生懶骨頭，也許就嫌急躁了些。至少你要先去看看組織常模、獎懲系統，和工作環境如何。因爲，它們都有可能引發負面的行爲。我們所謂的人格，實際上與個人、環境都有關係。若要有效的管理人，管理者就必須同時注意到兩者。

參考書目

Barker R.G. *The Stream of Behavior.* New York: Appleton–Century, 1963.

Braginsky, G.M., Braginsky, D.D., and Ring, K. *Methods of Madness: The Mental Hospital as a Last Resort.* New York: Holt, 1969.

Freud, S. *The Collected Papers of Sigmund Freud.* Vol. 5. New York: Basic, 1959.

Fromm, E. *Escape Form Freedom.* New York: Holt, 1941.

Fromm, E. *Man For Himself.* New York: Holt, 1947.

Goffman, E. *Asylums.* Chicago: Aldine, 1961.

Hall, C.S. A *Primer of Freudian Psychology.* New York: Mentor Books, 1954.

Jensen, A.R. *Educability and Group Differences.* New York: Harper & Row, 1973.

Lewin, K. *Field Theory in Social Science.* New York: Harper, 1951.

McCall, G.J., and Simmons, J.L. *Identities and Interactions.* New York: Free Press, 1966.

Medved, M., and Wallechinsky, D. *What Really Happened to the Class of '65?* New York: Ballantine,1976.

Phares, E.J. *Locus of Control in Personality.* Morristown, N.J.: General Learning Press, 1976.

Rockwell, W.F. *The Twelve Hats of a Company President: What It Takes to Run A Company.* Englewood Cliffs, N.J.: Prentice–Hall, 1971.
Rotter, J.B., Chance, J.E., and Phares, E.J. *Applications of a Social Learning Theory of Personality.* New York: Holt, 1971.
Rubin, J.Z., and Brown, B.R. *The Social Psychology of Bargaining and Negotiation.* New York: Academic, 1975.
Scheff, T.J. *Being Mentally Ill.* Chicago: Aldine, 1966.
Stafford–Clark, D. *What Freud Really Said.* New York: Schocken, 1971.
Wiggins, J.S., Renner, K.E., Clore, G.L., and Rose, R.J. *The Psychology of Personality.* Reading, Mass.: Addison-Wesley, 1971.
Wilson, E.O. *Sociobiology: The New Synthesis.* Cambridge, Mass.: Harvard University Press, Belknap Press, 1975.

第三章　動機‥驅動的力量

Al Morrison 大學會計系畢業之後，順利地在八大會計師事務所之一找到工作。可是上班兩個星期後，他又回去找教授。

「我覺得非常洩氣！」Al 抱怨道，「在辦公室裏頭，同事們對待我那樣子，就像我從來沒有看過資產負債表似的。他們從不讓我接近重要的客戶。我所期望的，實在比現在高得太多了。上個星期，我每天早上都不太想起床上班。看來我似乎已經沒有任何動機再到辦公室去浪費時間了。」

Al 的教授對 Al 所說的感到很驚訝，「你說你覺得洩氣是什麼意思？你到底想說些什麼？」

心理能量＋個人目標＝動機

動機就是推動行爲的力量。有了它，我們就會奮鬥、工作，和堅忍不拔。而缺乏了動機，通常就是績效不佳、未盡全力、不能達成目標。動機是使管理者達成管理目標的原動力。

當然，如果你不知道要到那兒去，那麼移動速度再快也沒有用。因此，動機不僅是驅動我們行爲的能量，同時也是引導我們力量指向的目標。動機就是能量和目標的組合。而此一組合又引導著管理者邁向這些目標，倘若運用得當，即是邁向成功之路。

本章敍述一些關於目標和動機的理論。首先我們要詳細的討論動機是什麼。其次，由心理學的觀點建立人類動機的架構。最後，我們在這個架構裏，驗證一下三個主要的動機觀點。

動機是什麼？

抉擇理論

心理學家 Campbell 和 Pritchard（1976）認爲，動機是一種觀念，它可以說明：(1)爲何從事某些工作。(2)從事此一工作時，爲何採取某一程度的努力？(3)爲何持續努力。從這個觀點來看，動機既不包括你個人或他人的能力，也不包括你對工作性質的瞭解，或者是影響工作難易的環境因素。如此，動機就侷限在績效表現上，亦即是目標導向的工作上。這一類的動機理論嘗試要去說明動機的「能量」——亦即是工作目標所願付出的努力。

本章的內容和第二章及後面兩章的內容，基本上是連貫的。人格理論（第二章），說明了我們爲什麼會有目標。同時，因爲動機的主題（以其最廣泛的意義來講）就是一種抉擇的討論，順理成章地，這也就使我們把注意力放在決策上（第四章）。雖然良好的管理行爲，以我們的目標、抉擇和決策的觀點來看，是受個人內在的驅策。但是這種行爲卻也從而驅策著外界，並受到外界的激勵。我們受激勵而學習，或解決問題（第五章），同時我們也必須激勵其他的人。

因此，本章只討論與動機有直接關係的理論。每一種理論都可以透過抉擇過程（我們爲什麼決定朝向某一目標邁進）與報酬，或者其他鼓勵（或打擊）我們努力的後果，來加以觀察。本章的結構以抉擇理論爲主。首先，讓我們來看看一般人對動機的看法如何，雖然這些看法未經科學的驗證，但它們在過去卻一直爲人們所深信不疑。

有關動機的一些學說

長久以來，社會學家一直嘗試著要去解釋人類行爲的原因。在這過程當中，一些極可能成功的理論，在發現其無法解釋動機之後，即被放棄了。然而，很不巧的，其中有些理論並沒有被忘懷。這可能是我們一旦爲某些事命名，我們就對它做了解釋的緣故。上述理論中有兩種常使用本能（instincts）或天賦（faculties）與傾向（propensities）這些名詞來解釋人類的動機。

本能　實際上來說，人類幾乎可以說沒有本能，也就是沒有天生的傾向特性，或者是不經由學習就能表現出來的行爲模式（Cofer and Appley, 1964）。一隻懷孕的老鼠雖然從來不曾看過其它老鼠構築的窩巢，但它卻有一種本能在引導它，使用特定的材料，構築特定形式的窩。同樣地，隨著陽光及氣溫的改變，某些鳥類會朝南飛去，即使它們從未見過其他的鳥如此做過。然而，對任何事，人類卻幾乎必須從頭學起。我們沒有預定的行爲模式，也不會在我們行爲發展過程的某個時點，自然而然地有了成熟的行爲模式。

然而，在平時的討論與課堂中，人們仍認爲有本能的存在。由於人們慣用「本能」這個標識來形容人類的行爲，所以我們往往誤以爲只要將某個東西冠上一個名稱，就已經對它做了解釋。人類沒有求生的本能，沒有母性的本能，沒有工作的本能，也沒有成功的本能。若要說某人天生懶惰，或所有的人都受激勵而去賺錢，或說在廿世紀工作是洞穴時代的求生本能的自然結果。或說所有的女人皆有母性，這些都是本能論的不同形態罷了。雖然這些解釋似乎可以說明我們的部屬及主管的所做所爲，但它們卻有礙於清晰而正確的理解。舉例來說吧，你將工作的努力歸因於「工作本能」，你將永遠無法找出一位努力工作者的動機爲何。好用的標識並不是良好管理的要素。人類並沒有本能。

天賦與傾向　當一九二〇、三〇年代，本能論不再流行時，學者們又去尋求行爲的內在原因。其中有一種稱爲天賦心理學（faculty psychology），它植基於骨相學（Phrenology）的概念。這種骨相學認爲，頭蓋骨的位置及突出大小，可用以分析大腦到底是在攻擊區、感情區，或工作區得到發展（見 Boring, 1950）。

最後，骨相學家提出三十七個特徵，其中包括好鬥性、愛戀（愛的傾向），及佔有慾。在骨相學的全盛時期，骨相學家爲焦慮的的父母們，指引著兒女的前途，爲公司遴選管理專才，甚至充當婚姻顧問。當然，他們的想法，令我們忍不住要嘲笑他們。因爲現代的解剖學已證實頭蓋骨與腦的大小無關，而頭蓋骨突出部分與動機或人格也沒有關係。但是當我們說某某人天生懶惰，或說某人比較好動時，是否有所不同？這方法基本上是一樣的啊！不同的只是所用的字與詞罷了。

對那些想要進一步了解自身與部屬行爲的管理者而言，這些標識並不能解釋行爲。因爲某甲喜歡拖延，就說他有拖延的「傾向」，不過是「某甲總愛拖延」的另一種說法罷了。它只是再一次標識此一行爲，而不是在解釋它。當一切進行順利時，說拼命工作的人有工作的「傾向」，也許並沒有什麼妨礙，但當工作績效不甚良好時，還要說某乙沒有努力工作是因爲他「天生」就比較遲鈍，就可能會造成傷害。將他人標識爲遲鈍、沒有效能，或者生氣勃勃，並不能告訴我們，他的動機是什麼？更糟的是，這些評斷：(1)可能使我們誤認爲，把所有觀察的事物換上一個新名字，就眞的做了些什麼事；(2)可能會使我們以爲所觀察的行爲是無法改變的（因爲它來自遺傳）。(3)

如果這些名稱繼續使用，那些被稱呼的人，就可能會眞正表現出標識的行爲。（Scheff, 1966），最後一種現象（標識理論所推導的結果），使得「本能」及「天賦」繼續流行使用著。譬如，從異常行爲（deviant behavior）的研究之中，我們得到的實驗結果（Braginsky et al., 1969, Rosenthal and Jacobson 1968）指出：假若我們一再重覆地標識某人爲「病人」，「犯罪」或「不十分伶俐」，最後這個人的行爲表現可能就會如同別人所批評的一樣。所以，假使我們硬要說某個工人是「懶惰的」，很可能就會鼓勵一些我們一直在批評和改正的行爲。

如果本能、天賦與傾向不是人類動機的根本，那到底什麼才是呢？暫且撇開我們所用以組織有關動機的思想的特殊方法，是否有任何基本原則，可用來說明人們爲什麼會朝向目標邁進？有的，我們稱它做成本——收益原則（cost-gain principle）。在尚未討論學者們用以解釋人類行爲的具體方法之前，我們先做個概略性的說明。

成本——收益原則

如果我們不能將動機歸因於神秘的內在力，那麼我們要如何解釋人們的所做所爲呢？觀察與研究報告指出，人類行爲的基本原則是：**因著個人對收益與損失的認知，人們的行動總是在求最**

大的收益，避免損失。（見 Bonoma, 1975, Bonoma, Johnston, and Costello, 1978; 本書第四章和第五章）。簡而言之，人類是自私的動物。成本收益原則，意思是說，人們的行爲不僅想要去確保獎賞大於懲罰，也希望能在既定的情況下，將懲罰降到最小。就管理而言，這意思是說，如果你想要知道什麼能激勵員工，那麼你就必須先找出能夠對員工有獎勵作用的事物，然後供給他們這些東西。倘若你經常能夠做到這一點，那麼你將會成爲世界上最好的管理者。

或者你會反對以成本—收益當作是人類動機的基本原則。它是否太過單純化了？它是否忽視了底下這些看似毫無報酬的行爲：一旦情況需要，你的同事便樂意留下來繼續工作，或者當聯合基金會的募捐卡在辦公室散發時，你的同僚毫不考慮地就捐了一筆款項；又如上個禮拜，Charles 熱心地幫忙解釋一份疑竇叢生的電腦報表。諸如這些例子，告訴我們一個事實：想用心理的、社會的，或物質的報酬，來界定動機是不可能的。但進一步講，這些人很可能是爲了這些報酬才這樣做的。

譬如說你的同事，或許他希望能夠獲得升遷、讚賞，或提高工作能力，而留下來工作可能只是爲了滿足一種責任感，因爲假若他無法得到這種滿足，將會令他良心不安。你的同事捐錢給聯合基金會，也許多少是出於一片仁慈與愛心，但最主要的很可能是因爲，他希望減輕一些因自己比別人幸運而產生的罪惡感（公平理論），或者只是爲了減輕一些壓力，因爲前面幾位同事都捐獻了，這對他造成一種壓力。最後，Charles（那位幫助解決電腦程式問題的先生）並不是一位利他主義者。也許他只是想要薄施小惠，以便日後可以心無芥蒂的請人幫忙，或者他只想要藉著解釋這些疑竇來增加自己的優越感。他也可能爲了其他報酬——有些來自內心，有些則透過與他人的互動關係，而由外界提供。簡而言之，正如同「天下沒有白吃的午餐」一樣，沒有代價的行爲也同樣不會存在。所有的行爲都是爲求最低成本、最高收益而產生的。

爲求有效運用成本收益原則，一個好的管理者必須學著去預知人們的目標，即使人們並不知道這些目標，或者目標與行爲之間的關係。雖然我們並沒有一些簡便而可靠的規則，用來判別行爲的目標，但有好幾位社會學家都已提出一些系統，幫助你瞭解同事、部屬，及上司的行爲目標是什麼？這些原則的應用是不確定的，因爲所有的人類行爲總帶有幾分不確定性。然而當實際運用原則時，你應該選擇一個與你對人類行爲目標的假設最爲一致的原則。這樣，你對行爲的預測才能準確些。

首先，要提醒的一句話是：雖然我們說個人總是朝著最小損失及最大收益行動，但是卻不能因此就驟下定論說他們只是單純的成本—收益計算器。我們前面提過，人們會犯錯，他們的目標可能互相衝突，同時許多其他的狀況與問題都可能阻礙目標的達成。（Tedeschi, et al. 1973）例如，一位領班爲了救一位員工，而被推高機壓死，這種人既不是聖人也不是呆子，他顯然是錯估了車子的速度及他自己的敏捷程度。他的行爲或許會贏得別人對他的追憶，但他的錯誤卻不知不覺地抹煞了繼續生存的這個基本假設。習慣、錯誤，和不確定性這些要素，使得動機成爲管理者最具有挑戰的領域之一。

在討論動機的文獻之中，爲了建立這個成本收益的基礎，至少採取了三個明確的方向。第一種著重在個人期望發生的抉擇與後果的關係上，以解釋目標導向的研究，這種稱爲期望理論（expectancy theories），第二個方向着重在將個人努力追求的目標當成他的需要的函數。這些理論稱爲需要理論（need-based theories）。嚴格說起來，需要理論只能約略地解釋爲一種成本收益的邏輯關係。第三種方法是一些不很明顯的理論。這些理論認爲，我們許多目標的導向工作，都是他人作用的結果。這些理論我們稱爲互動理論（interaction-based theories）。

期望理論

雖然一般都以爲，用來衡量成本——收益原則並使其發揮作用的模型，是到了Victor Vroom（1964）才以「期望理論」這個名詞正式應用在商業上，但這個模型早在Aristippus（300 B.C.）時代，就已經被提出來了。期望理論所根據的是成本收益原則，一種抉擇與後果的理想。這種理論認爲：(1)人們都有其目標，且或多或少認爲這些目標有其價值。(2)行動與目標間的關係是不確定的，是機率性的。因此，在預測行爲時，目標與達成目標的可能性必須同時考慮（Filley, House, and Kerr, 1976）。

期望理論的核心包含在圖3—1所示的方程式中。對一件工作，個人願意付出的努力，是個人對此一努力將導致結果的期望（expectancy）與價值感（valence，個人對可能結果正／反面的評價）的乘數函數。因此，期望理論認為⑴你愈相信努力會帶來預期的結果，⑵這結果愈是如你所期望的。那麼，你就愈會努力工作。

努力＝Σ（期望　×　價值感）

Vroom（1964）提出的原始理論中，還有第三個要素（這個沒有表示在圖3—1），稱為工具性（Instrumentality）。工具性表示一個既定的後果在取得其他後果時所知覺的有用性。如此，假如我們付給甲經理的工作報酬是一筆錢，而乙經理則是同樣價值的牛；那麼就買一幢房子而言，錢具有較高的工具性，因為建築商人可能不接受牛做為交易支付的工具。同樣地，你努力工作，使績效凌駕其他同事之上，也許這樣並無法讓你獲得加薪（績效對薪資的工具性不高），但你卻可能因而得到上司的讚賞。在此，績效對讚許就有高度的工具性。

圖3—1所示為動機模型的基本要素。若要預測與解釋動機，我們需要知道：⑴期望（expectancy）⑵後果的價值感（valence）。這些因素一同影響著我們的努力。但是，如同其他學習者所指出的，明瞭這些因素（factor），只能預知某人將會進行「某種程度」的努力。它無法預測他將採取「那個」行動。想要估計這個，我們還需要知道其他東西：⑶各個能夠達成目標的行動，成功機率（見圖3—1　的中間部份）。唯有如此，我們才能說甲經理會較乙經理早來公司上班（行動），因為甲經理認為工作熱忱獲得升遷的主要因素（行動⬇後果可能性），而他又非常渴望獲得升遷（價值感），同時他又認為透過努力可以達成此一目標（期望）。圖3—2所示為 Campbell 及 Pritchard（1976）所提出的一個期望——價值感的綜合模式。

一般對期望——價值感理論的研究指出，此一理論雖然能夠合理解釋行爲，但是這種解釋並不十分堅强。譬如，就薪資的重要性（價值感）越大，努力的程度越高，這個命題而言，Pritchard 與 Sanders 發現這兩者之間很高的相關性。然而，Jorgenson et al.（1973）在對臨時員工的實驗研究中，卻發現薪資的價值感與努力的成果或績效之間並沒有關係。

對於第二個要素——期望，的研究也有同樣的情形。Arvey（1972）將研習課外數學作業的學生分成三組，然後分別告知他們當中有百分之二十、五十和七十五的學生，可能因爲此一作業而得到額外的學分。透過這種方式來引發他們低、中、高的期望。結果發現低期望的那一組的表現，比高期望的學生差。但是，在一次對政府

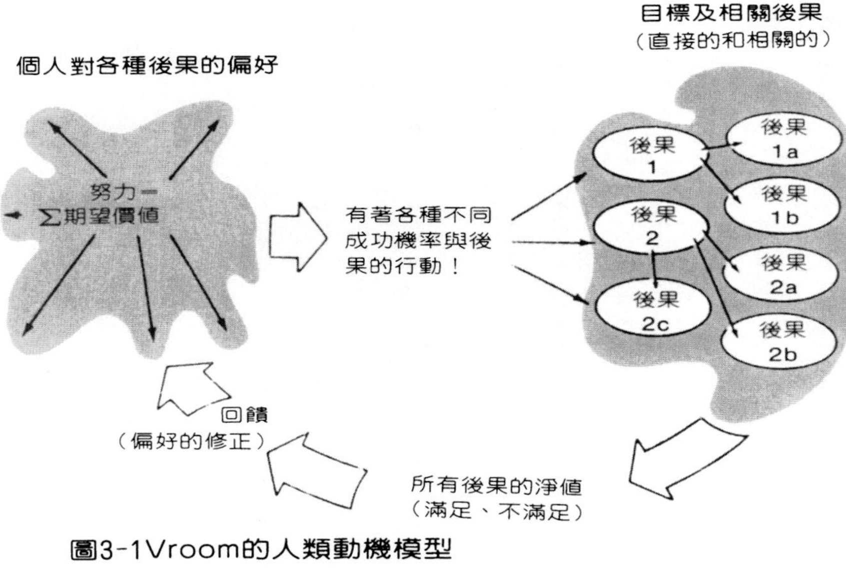

圖3-1Vroom的人類動機模型

人員的研究當中，Pritchard 與 Sanders（1973）發現期望與努力之間只有輕微的關係。

當我們加上工具性的考慮時，結論通常較為一致。例如 Georgopoulos 跟他的同事（1957）曾經詢問某工廠六百多位生產工人：工作績效對下列各項的獲取是否具有高度的工具性：

(1)更多的錢，(2)更好的人際關係，(3)升遷。結果發現認為工作績效有高度工具性的工人，生產力也較高。

期望——價值感——工具性理論，所提供給我們的基本教訓也就是：「將人類動機視為一連串的抉擇，是非常有用的。」在此，我們並不須要實驗證據來確定它的合理性。倘若社會學中所有的觀念，都必須有完整的研究證據來支持，那麼能夠繼續存在的觀念，也就少之又少了。下列的命題有助於管理者的規劃與預測。

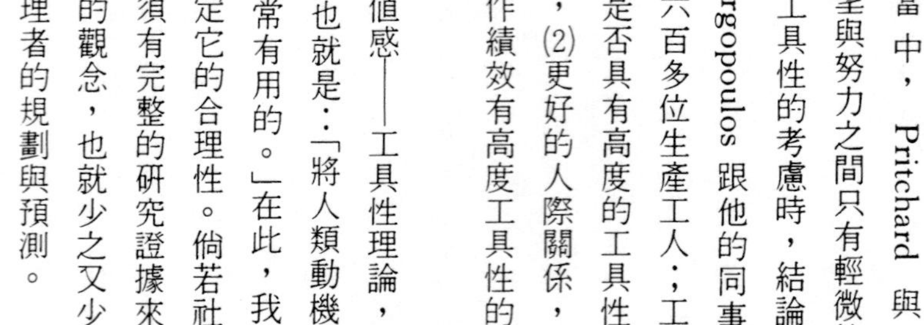

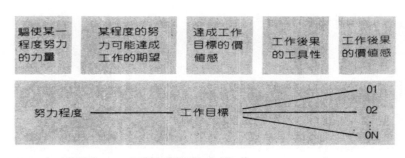

圖3-2 期望——價值感的綜合模式

命題一　願意付出的努力是期望與價值感的聯合函數（joint function）。

很明顯的，動機與知覺有極爲密切的關係，因此你必須小心的是：你所想的，與別人所想的，往往有極大的出入。同時他也必須牢記在心的是：僅僅將某些目標（如加薪）擺在員工面前搖晃，並不一定能夠激發他們的努力；假若他們不相信努力可以達成特定的目標，那麼他們對這些目標就不會有什麼反應。

命題二　沒有價值感的地方，也不會有努力；當人們對目標的達成都沒有期望時，他們也就不願付出任何努力。

管理者若想要激勵他人，就必須創造有價值的工作目標，及成功可能性的預期。缺乏這兩個因素，人們願意付出的努力就等於零。如此也就無所謂動機可言了。倘若當中一個要素很高，而另一個則非常低，例如，你的公司提供一百萬美元的紅利（高價值感）給任何能夠將其生產力提高十倍（低期望）的員工，那麼人們的動機會相對地低落。

命題三　各個行動均受其達成目標的可能性的影響。

管理者爲了引發動機所創造的條件，並無法預知人們將會採行那一種特定的行爲方式。你可以激勵你的部屬工作，因爲績效對升遷有高度的工具性（instrumentality），但是這位部屬卻可以決定使用那一種方式（矇騙、做假、或壓低他人的績效）來提高自己的工作績效。這位部屬可能認爲，升遷只是時間的問題，不管績效如何，他遲早會得到升遷的。

命題四　工作的後果的工具性，可以使這個後果多多少少變得更爲值得追求些。

同樣的後果，在兩個管理者的心目中，可能不會有同樣的工具性。甲經理可能認爲升遷系統不但激勵他個人，同時也激勵其他人的績效。乙經理則可能不這麼認爲。當然，這些命題並無法告訴我們工作後果或目標的工具性爲何？人們眞正要的是什麼？針對這幾點，目標導向理論提供了一些極爲有價值的觀點。

目標導向理論

「人們要的是什麼？」這個問題不好回答！然而我們可透過兩個途徑，尋求一些線索。第一是去檢視文化（to examine culture），第二是去觀察人們（to observe people）。

文化（教育和工作的共同內容）使人們有類似的目標。我們假定管理者熟諳文化的各個面，因爲這對決定目標是頗爲恰當的。管理者的困難是，我們每一個人都有他個人的差異與偏好，而行爲的觀察，就是在個人這個層面，才能提供我們一些廣泛性的瞭解。爲了在這困難的情況下，理出目標，我們提出三種對目標有全盤考慮的觀點，這些觀點都是學者運用其直覺與臨床觀察得來的。第一、Maslow的需要層次。它是一個極爲廣泛的系統，其他兩種對管理工作則較爲明確。

Maslow 的需要層次

Abraham Maslow（1943，1954）是研究管理動機最有名的學者。基於非正式的觀察與臨床的實驗，Maslow 將人們一生中奮力追求的主要目標或需要區分並排列爲幾個大類。所謂排列（rank），意思就是說：Maslow所提出來的各種需要，是依照它們對個人緊要的程度來列示的。這理論的基本原則是：人們只有在低層次的需要滿足之後，才會在意更高層次的需要。一旦某一目標可以完全達成，那麼它就不再具有激勵作用；同時他會轉而追求更高一層次的需要。Maslow的需要層次始於生理需要，終於自我實現。

自我實現
（Self-actualization goals）

⬆

尊重
（Esteem goals）

⬆

歸屬感
（Goals of belonging）

⬆

安全感
（Safety goals）

⬆

生理需要
（Physiological goals）

生理需要指的是食物、住所，以及其他身體所需。安全感包括人類尋求生理安全的傾向，以及心理上避免傷害的需要。這兩個都是防衛性的目標——Maslow 將它稱爲不足的目標（deficiency goal）。它們用來隔離環境中可能傷害他的人或事。

一旦這兩個目標達成，歸屬感與愛的目標便顯得格外的重要。前面兩個目標是個人的，而歸屬感及愛則將我們帶向社會。第三個目標是一種與別人接觸的慾望。它所描述的是一種努力地要去歸屬於某個社會羣體，要去影響別人並受別人影響，以及努力的要去受別人重視（簡而言之，就是愛與被愛）的行爲。

當然，許多不同的行爲都可以滿足每一個目標。譬如爲薪資而工作可以同時滿足生理的與安全的目標，因爲錢可以用來買食物與居處（請參考 Filley 和 House，1968）又加入一家大公司能滿足歸屬感，因爲這是一種能使管理者與其他人員感覺到他們是歸屬於某個比他們更偉大的事物的方法。

尊重目標表示個人爲了達成與維護他的自尊以及別人的尊敬，所產生的種種努力。因此，我們都需要有自我的價値感，如此我們在組織內外，才是個適切而能幹的人。其次，我們需要別人的尊重、讚賞、肯定與尊敬。例如工作做得好所受到的尊敬。當然同一種行爲可能同時滿足尊重目標的二個面。例如，將一件困難的工作做好，不僅自己感到沾沾自喜，覺得個人頗有價値，同時也會受到別人的尊敬與讚賞。在此，再一次請讀者注意，除非前面三個目標已經徹底而且經常地獲得滿足，這樣人們才會去追尋尊重（esteem）的目標。

在前面四個目標完全地得到滿足後，依據Maslow的理論，個人便會去追求自我的實現。這是個人發掘眞正自我的過程，然後個人才會朝著肯定此一自我的方向，竭盡最大的能力。也就是說，當我們的生理需求、尊重、自尊以及愛的需要都滿足了以後，所剩下的唯一需要是發掘眞正的自我，然後採取行動，使我們認知自我的存在。

實證研究所得的結果與 Maslow 所提出的模型，不甚相合。Lyman Portor 從美國管理協會的會員中，隨機抽出兩千位管理人員來訪問。他對每一位管理者發出一份有十三個項目的問卷，要他們估計 Maslow 的五項需要，各佔他們本身需要的比例爲何？同時依據他們的生活形態，每一種需求應有多少 其重要性如何？較高階層的管理者較重視自我實現與自主的需要，其他三種需求在管理階層卻沒有什麼差別（Portor, 1964）。

Campbell 與 Pritchard（1976）在看過 Portor 的研究之後，認爲這種現象的合理解釋是：Maslow 的需要層次和動機無關，有着不同需求的人就會從事不同的工作。有兩個研究結果支持這種自我選擇的觀念，一個是由 Alderfer（1967）所做的研究，另一個是由 Hall 及 Nougaim（1968）所完成的。在第一個研究中，Alderfer 在訪問管理者與發出的問卷中，同時衡量了生存、歸屬感、成長等需要的重要性和滿足程度。他衡量某個需要的滿足程度與下一個高層次需要的重要性，兩者之間的相關性。舉例來說，假如某一管理者的生存需要獲得高度的滿足，那麼此一滿足程度與管理者對下一個更高層次的需要（歸屬感）的重要性，兩者之間可能會有相關性。

Maslow 的看法，很明顯的認爲：某個層次需要的滿足程度與下一個層次的需要的重要性之間，是成負相關的。也就是說，當某個較低層次的需要得到滿足時，下個層次的需要的重要性就會提高。因爲對這位管理者而言，這個需要層次現在已成爲重要的追求目標了。然而 Alderfer 的結果並沒有證實 Maslow 的想法，相反的，它卻提出了相反的觀點。

Hall 及 Nougaim（1968）花費五年的時間，在 AT & T 訪問了五十位員工，得到的結果與 Alderfer 相同。正如 Campbell 與 Pritchard 所提出的報告（1976, P.99）指出：「某一需要的滿足程度與同一需要的重要性之間，以及其與更高一層的需要的重要性之間的相關性，證實了 Alderfer 的發現，而推翻了 Maslow 的說法」。因此，在管理者行爲中，沒有足夠的證據顯示層次的存在。但是，基本上 Maslow 的模式，對管理者而言是有用的。這主要是因爲他提出了五個在事業發展的五個點上可能極爲重要的引導目標。

然而，Maslow 利用分類的技術，很可能是管理者主要的工具。Maslow 假定，所有的人在生命的任何一個時刻，都能夠加以分類，從而被區分在這五種目標情況中的一種。因此，假如你知道你的部屬正努力在追求愛與歸屬感，那麼給予關心及肯定，將會比提供其他需要的滿足，更能使這位部屬增加生產力。Maslow 所提供最主要的一點是：一個人在其事業發展的過程中的任何時點，大致都可歸入這五種目標的追求狀態中的一種。同時，也可能追求一些與此一時點所提供的目標不盡相同的需要。

激勵——保健因素理論（Motivation——Hygiene Theory）

Frederick Herzberg（請參考 Herzberg, Mausner, and Synderman, 1959）向會計師及工程師提出了一個簡單的問題。他的問題是：「你們是否能夠把你們對工作特別有好感或惡感的時候，做一個詳盡的描述。」當 Herzberg 分折資料時，他發現對工作的好感似乎與工作內容（job content）有某種關係。相反地，對工作的惡感却與工作脈絡（job context）有一定的關係。Herzberg 把工作內容的因素稱爲引起滿足的因素（satisfiers），而工作脈絡的因素則稱爲引起不滿足的因素（dissatisfiers）。下列爲其內容：

引起滿足的因素：與工作內容有關

- 工作上有成就的機會。
- 成就的被肯定。
- 從事有興趣且重要的工作。
- 對重要工作負有責任。
- 從工作績效中强烈地感受到有升遷的機會。

引起不滿足的因素：與工作脈絡有關

- 重覆及浪費的公司政策。
- 無能的監督。
- 不愉快的工作環境。

• 同事間不良的人際關係。
• 低的薪資水準。
• 缺乏（或不確定的）工作安全。

Herzberg 最重要的發現是：同一類因素不會同時與對工作的好感與惡感相關，這點是非常重要的。而滿足（satisfaction）的相反很顯然的並不就是不滿足（dissatisfaction），而是滿足的缺乏或沒有滿足。同樣地，不滿足的相反也不是滿足，而是沒有不滿足。因爲沒有引起不滿足的事物，並不意味著它能帶來滿足。因此，去除負面的不滿足因素，對於激勵個人並沒有太大關係，除非我們提供正面的因素——激勵因素。

這種推理方式使 Herzberg 能夠分辨出保健因素（完成工作的必要因素）與激勵因素（激勵良好的工作績效的因素）的不同。引起不滿足的因素是保健因素。而良好的工作環境很少人將它當成一種工作滿足的因素。然而不良的工作環境却經常被當作一種工作不滿足的因素。引起滿足的因素（satisfiers）與工作本身有關，通常稱爲激勵因素（motivators）。因爲他們激勵員工朝向更高生產力及更佳的工作績效。同樣地，缺乏引起滿足的因素，並不會使個人對工作感到不滿。它只會降低激勵的效果。

有關 Herzberg 理論的驗證的研究相當多，其結果也極爲混雜。Herzberg（1966）利用十七位工人做了十份研究報告。在他的個案中，有百分之九十九證實了他對引起滿足因素與不滿足因素的預測。然而，在不以 Herzberg 那種說故事的方式進行的實驗中，研究者似乎都無法證實

Herzberg的結論。例如，1967年Dunnette, Campbell及Habel在一篇評論中指出：「現在已經有足夠的證據顯示二因素理論是說不通的。」雖然研究證據不斷出現，但對Herzberg的理論的研究結果仍是極爲混雜的。（最近的評論請參考Campbell and Pritchard, 1976）。

不管怎麼說，Herzberg的二因素理論所提出來的觀點是：提供個人良好的工作環境或令人愉快的人際關係、薪水，或工作安全，並不會激勵他們。這些只能避免引起他們的不滿足而已。當然，避免他們不滿足是保健因素的一個基本維護需求，也是把工作做好的一個條件。但它本身並沒有激勵的效果、責任感，或是升遷的機會等等激勵因素。只有在保健因素及激勵因素同時出現時，工作績效與生產力才能達到最高。很顯然地，Herzberg所强調的是一種持續的管理計劃。它將工作的內容豐富化，以便能增進員工工作的挑戰性。

X理論與Y理論

Douglas McGregor依據Maslow的理論，發展出一套比動機理論更進一步的目標哲學。McGregor（1960）提出管理者可能抱持的兩組完全相反的動機假設。第一種爲X理論。（他認爲這是傳統管理者所抱持的態度）這種假設會導出一套激勵員工與部屬的政策。第二種稱爲Y理論。（它對什麼目標推動人員，有不同的觀點）這種假設也會導出另一組激勵政策。McGregor認爲，在大多數的情況下，Y理論的管理會比X理論更有效（有關McGregor, Maslow, Herzberg更爲詳盡的資料，請參考*Behavioral Sciences* :Concepts and Management Application）。

X理論是傳統管理者對如何激發人類潛能所抱持的觀念。它對行爲建立了一組假設。其中最主要的是：

1. 一般人認爲工作是一種懲罰。如果可能的話，會儘量去逃避它。
2. 一般人不願意承擔責任。因此，他們寧願受人指揮。
3. 一般人沒有什麼野心，管理者所提供的目標，很少能夠激勵他們。
4. 一般人對安全的需要勝過其他一切。行爲最主要的目標是使自己感到安全而且毫無威脅。

由於人們不喜歡工作、逃避責任、缺乏野心，並且追求安全感的目標，所以X理論認爲對待員工必須使用恐嚇、指揮、威脅或操弄的方式，才能驅使他們朝向管理目標而努力。McGregor將這些理論化。他認爲假如這些關於個人目標的假設被採用，管理者就只有兩個抉擇。一是採用對員工威迫利誘的强硬管理（hard-management），另一種則是採用不理會員工的溫和管理（soft-management）。McGregor認爲這兩種政策對於激勵部屬，都不是有效的方法。（它們並不一定就是無效的，請參考第三章）

强硬管理的特色是利用强迫及威脅的方式，使部屬產生我們期望的行爲。緊密的管理控制、就近的監督、監視系統，及所有與懲罰有關的事物，都被視爲是必要的管理手段。另一方面，溫和的管理卻認爲，管理之所以存在是爲滿足人們的需求。它所採用的是一種促進和諧環境的寬容態度。McGregor認爲在這些方法或假設之下，難以達成高度生產力或高效能的管理。

McGregor的理論主要是從Maslow的目標層次而來的。他歸納的結果認爲：人的需求最主要的是利己的（egoistic）。例如那些獲得自尊的需求、在社會脈絡中獲得歸屬感與愛的需求。McGregor發現，無論强硬管理或溫和管理，都無法顯著的增進個人的自尊或自我的實現。然而，管理者對人採取另一組假設，人們的需要或許能在工作脈絡中獲得滿足。

Y理論是另一組有關個人的假設。它與傳統的管理哲學中所採用的假設完全不同。其主要的假設包括：

1.個人視工作爲正面的目標，就如同遊戲或休閒一樣。花費精神與體力的工作並不是件需要逃避的事。

2.在適當的管理情況下，一般人能夠，而且願意學習，不單單只是接受工作，並且會主動尋求責任。

3.安全並不是個人追求的唯一目標。事實上，這只是他最低層次的目標之一罷了。只要管理目標的達成所帶來的獎賞，能與個人的目標一致，個人便獻身於此一目標。如果說自尊與自我實現，能透過某種工作的績效來達成，那麼他就會努力的去執行此一工作。

Y理論假定個人在解決問題時，具有高度的想像力與創造力。它也認爲在傳統的管理環境下，人的潛能並沒有完全的發揮。而在Y理論的假設下，如果員工的潛力未發揮或是績效不佳，則應直接歸咎於管理的不當。又假若某員工的行爲懶惰、漠然，或沒有創意，McGregor認爲如果因此而認定他是懶惰、漠然的，或缺乏創意的人，這是極爲不正確的。相反的，McGregor認爲管理者應當將員工的主要目標發展爲自我激勵、自我控制，與自我（或社會）獎賞的目標，俾能有技巧的引發員工對工作的投入感。

McGregor 所提出最主要的問題是管理的控制。個人的表現在什麼情況下比較好呢？是控制力來自外在時呢？或是控制力由內而生，形成一種自我控制時呢？舉例來說，McGregor 推測（研究報告亦證實），不能明確地反應出部屬認爲其所擁有的個人優點與傑出成就的加薪，不僅可能缺乏正面的激勵效果，而且也可能對部屬產生反作用，令其失去努力的動機。最近的研究指出，當工廠員工被准許參與有關薪資與福利的決策時，他們的生產力、效率，及滿足程度都會增加，同時不會增加管理的成本。Y理論認爲我們無法激勵人們，但是我們必須讓他們激勵自己。身爲管理者，我們所要做的是提供一個環境，使部屬能夠有充分的彈性與物質去滿足他們生產性的動機結構的目標。

有一點非常重要的是：McGregor 既不認爲自己在提倡求同管理（consensus management）——每個人對每件事情都達成一致的意見；也不承認他是在提倡諮商式的管理——當管理者用傳統的方式來營運企業時，部屬們覺得自己是重要的，並且有一種參與感。事實上，McGregor 把求同管理視爲一種管理責任的棄絕。他並不反對使用管理權威，但他要管理者記住，權威只是他們激勵的一種工具罷了。

同樣地，McGregor 也不認爲諮商式管理可以解決激勵的問題。他把諮商式管理視爲操弄工人的一種惡劣手段。表面上工人似乎有了參與的機會，但事實上他們和決策之間，仍然同以前一樣遙不可及。依照 McGregor 的看法，Y理論的實施需要在管理者與部屬之間有一種信任與開明的氣氛，同時如果可能的話，讓部屬對其有利害關係的決策，有某種程度的參與。例如，薪資、升遷、工作時數等項目，顯然都是可以讓員工參與決策的主要部分，同時不致於因爲決策權威的分享而對管理控制有所威脅。

很不巧的，除了一些如分配薪資及福利等極爲分歧的研究證據，和一些從不可控制的研究中所得來的證據之外，McGregor 對動機的觀點並沒有經過驗證，而似乎也無法加以驗證。McGregor 所提出的，事實上不是一種動機理論，而是一種管理行爲哲學。這種哲學在 Maslow 動機理論成立的前提下，是頗爲合理的。然而 Maslow 的理論卻是所有解釋人類行爲的理論中，最沒有根據的一個。它頂多只能讓那些追求自我的與社會目標的管理者，適當地採取 McGregor 的觀點，但卻可能提供他們一個有關人類行爲與管理事務極爲不合理的解釋。

需求本位理論

以分析工人的需要或欲望的方式，來試探工人們爲何會朝向目標努力的原因，似乎是非常合理而適當的。然而動機論者對這一方面，一直沒有什麼進展。而且長久以來，均無法合理地解釋行爲。Campbell 與 Pritchard（1976,P.73）在總評裏說：「這觀念（需要）在解釋實驗結果方面沒有什麼用處，而大部分學者的意見是將它放棄。」對於這個令人沮喪的結論，我們可以指出三個理由：(1)需要觀念本身；(2)在事業發展的各個不同點，不同的管理者可能以不同的方式，表現出不同的需要與欲求。(3)曾經用來研究需要與欲求的科學方法。

每當心理學家想要用人類的需求來解釋動機時，其結果一定是乘興而往，敗興而歸。顯然地，在某些方面，人類確實有所需要，如飢餓、口渴、甚至性也可能包括在內。（請參考 Cofer and Appley, 1964）。確切一點來說，需要是一種生理上的不足（deficit），這種不足推動這有機體去尋求能夠除去此項不足，以及恢復均衡狀態的目標。例如，在飢餓的時候，血中含糖量降低，引起胃的收縮，於是促使人去尋找食物。口渴也有類似的反應。在這層意義之下（即生理上的不足），「需要」這個字眼的確可當作某些動機的基準。

然而，大多數的作者都沒有精確地使用「需要」這個字眼。他們用它來代表其他的目標，如自尊、自信、自我的價值感、受喜愛的感覺等等。如果說這種社會需求源於某種心理上的不足，往往會遭遇很多困難。因爲沒有受到仰慕、喜愛，或尊重的人，並不見得就會去追求這種需要的滿足。

如此，倘若部屬之所以尋求同事的讚美與喜愛，是因爲他「需要」這麼做，那麼很可能會使管理者走上歧路，因爲這時標識成爲瞭解的代替品。不管這種理論是多麼地有見解，將行爲歸諸於需求，只是換湯不換藥，沒有作任何新的詮釋。對管理者而言，與其說某些神秘的內在力量在創造行爲，不如說他們不知道部屬爲什麼會去尋求別人的讚美，或者說部屬就是要別人的讚美，畢竟這樣比較來的容易而實在些。

爲了滿足各種需要或欲求，人們會表現出各式各樣的行爲。由於這些行爲與需要，會隨著管理者事業的發展而有所改變，我們不可以用任何一種方法（如 Maslow 的需要層次，Herzberg 的引起滿足的因素等等。）來確知什麼是一個人眞正想要的？而他又將採用什要樣的行爲來滿足這些欲求呢？如果動機的觀念能減至五種主要的需要，那豈不是一件美事？（減至兩個更好）然而，假如能將這些需要以某種層次分類開來，那就太好了。但是研究報告似乎指出，人類的動機比這些想法還要複雜的多了。儘管如此，這並不妨礙我們從成本收益的觀點來瞭解行爲。它只是在重述行爲是難以預測的。

透過對需要與欲求的研究，傳統上對行爲的預測大多只是用直覺或猜測，來決定必需用那些東西來激勵人們（Maslow, McGregor ）。例如，非正式觀察被用來闡明需要，然後再去證明它是有效的觀察。像這種希望能從這類不嚴謹的方法中獲取大量的發展，實在是件愚蠢的事。

綜觀這些理論的缺點，動機的目標本位理論尚未完成其對人類行爲之基本所要做的解釋。然而從這些嚐試中，管理者可以獲得不少啓示。第一、就是：人類動機的基本（它們驅策員工朝向目標而努力）是各種不同理由的複雜組合。而每個人在各個時點，都有不同的組合。第二是Herzberg的觀點：引起滿足的因素的缺乏，並不會引起不滿足。反之，使我們不愉快的因素（如低薪資）的出現，並不會使我們更加努力。第三，必須牢記在心的是：Maslow 的需要層次很可能掌握了各個管理階層最常見的激勵因子。因此，它還可用來當作檢核表，藉以衡鑒管理者及其同事當前與未來的目標。

有趣的是，雖然行爲的一個主要原因之一是來自其他人，然而期望本位與目標本位理論，都沒有將他人對我們的影響包括在努力的動機之內（Maslow 的歸屬感的需要也許是個例外）。較新的動機理論即涵蓋了他人對我們的影響，它以互動本位爲基礎，因此對管理者而言，較爲有用。

互動本位理論

在社會心理學的文獻中，已經提出各種不同的互動理論。這當中對動機間接地有所評論：(a)我們多半會去比較我們做得如何，以及別人做得如何。因此，透過這種比較，我們會受到激勵或打擊。(b)我們受到別人的評估，因此我們的工作表現與努力受到這種評估的激勵。沒有一位管理者會否認這些所謂社會互動的第一原則，以及其他人對我們的行爲有重大影響。關於努力與動機，有兩種最新而且相關的理論。它們是公平理論（equity theory）與歸因理論（attribution theory）。（請參考 Tedeschi and Lindskold, 1977, or Campbell 與 Pritchard, 1976）

公平理論

公平理論最早是由社會學家 George Homans（1961）所提出，經過 Peter Blau（1964）的增補，最後由 J. S. Adams（1965）正式提出。它起於工作的投入與產出的觀念，也就是說，對某些工作，我們投入努力、教育與才幹等等，以求獲得相關的產出（價值感）。這些可能包括薪資、別人的肯定、自尊，或其他有價值的利益。然而，社會的本質是在相同的環境中，甚至可能就在同樣的工作上，其他人可能也在付出他們的投入與獲得產出。Adams 認爲，我們會將自己的投入對產出的比率與別人的投入對產出的比率做比較。假如這些比率是相等的，那麼我們就可以說，外界的權力對待我們是公平的。但是如果不相等的話，就會有不公平的情況產生，而我們則可能會想辦法去改變它。

舉例來說，爲了方便起見，我們假定甲管理者對他的工作的相關投入是：他從不缺勤，他經常在公司內待到很晚，而且還將工作帶回家去作。所有屬於他責任範圍之內，甚至超過此一範圍的工作，他都加以完成。甲今年二十三歲，是個初級分析員。而乙管理者則已經三十歲了，他也是一位初級分析員，與甲在同一個辦公室上班。乙似乎十天左右就會生一次病，而且通常在陽光普照的星期五。乙從來不爲工作而加班，也幾乎不曾做完他份內的工作（事實上，甲已經不只一次地替他做了）。公司有一項管理政策是：所有的初級分析員，在最初三年之內，都支付同樣的薪水，且在某個特定時間，可得到等額的加薪。當甲與乙比較其投入對產出的比率時，公平理論認爲甲在薪資方面將會感到不公平。爲了減少這種不公平，甲便採取任何他辦得到的手段。

根據 Adams 所說，甲可能有五種選擇，而這五個行動都能改變問題中的一個或兩個比率。

1. 甲可能對乙採取行動，使乙改變他的投入與產出。在這種情況下，甲可與乙做一次坦誠的交談，讓乙明瞭，他正在做一件不榮譽的事，而且有必要改進他的出勤率與努力程度。

2. 甲可能會扭曲他對自己以及對乙的投入或產出的知覺。例如，甲也許會將努力對報酬的比率加以合理化。他可能會說他與乙獲得一樣的薪水是很合理的，因爲畢竟他才二十三歲，而乙卻已經三十歲了。

3. 甲可能會改變他自己的投入與產出。他也許會決定降低努力。因爲再怎麼努力地把工作做好，很顯然並不能影響薪水的高低。或者他可能會跑去找他的主管，向主管表示自己優越的表現，應該要有較多的報酬。

4. 甲可能會停止與乙做比較，而選擇其他人來比。例如，丙可能成爲他比較的焦點。這樣子他可能就會感受到一個比較公平的比率。

5. 在其他方法都沒有效果時，還有最後一種方式。那就是甲可能決定離開這家公司，因爲他感到不公平。

正如 Adams 所指出的，這些降低不公平的方法，就甲而言，並非都具有一樣的吸引力或可行性。例如，甲可能覺得重新評量乙的投入與產出，比對自己的投入產出加以重估要來的容易些。因爲甲的投入很可能較易受制於自我觀念。只有在其他方法都失敗時，甲才會選擇離開公司。公平理論的論點是：倘若人們所知覺的投入相等，卻沒有獲得同等的報酬時，便會產生壓力。同時，當事人會採取行動以減少這種不公平。

一般而言，驗證公平理論的研究都包括了工作的報酬。而其基本的研究問題是：(1)當某人與其他人有相同的投入，而得到較少的報酬時，會有什麼情況發生呢？(2)在同樣的情況下，倘若他發現他比別人得到較多的報酬時，又將如何呢？研究結果一致發現（請參考 Campbell 與 Pritchard, 1976）：獲得較少報酬的工人傾向於降低他的努力程度，以使比率相同而消除這種不公平的情形。例如 Clark（1958）發現，當超級市場的收銀員，覺得自己與同事相較之下，所得到的報酬較少時，他便會降低工作速度，並且會造成較多的計算錯誤。在管理者之間也有類似的情況發生。（請參考 Adams, 1965）

而在獲得較多報酬的情況下，其結果卻頗令人驚訝。公平理論認爲，付給人們較他人爲多的報酬，是一種激勵他們增加生產力的好方法，因爲他們會努力生產，以求去除此一不公平，這是不同於期望理論的。有許多研究顯示出這種結果——即給予績效差的員工過多的報酬，會導致生產力的增加。無論員工是以工時或件數來計算酬勞，都有相同的研究結果。

公平理論告訴我們，在平衡動機以增進我們自己或其他人的努力時，絕不可以忽視相關的社會面。的確，公平理論指出，社會要素很可能會產生不合邏輯的作用，它可能會改善得過多報酬的員工的工作績效。對此，我們的基本認識是：我們確實會環顧四周，然後藉著個人的需要的一些模糊標準，去評估我們得到了什麼？同時我們還會根據個人的意見來評估他人因投入，所獲得的是什麼？

歸因理論

歸因理論所講述的是個人解釋他們行爲的原因之方式。從某方面來看，它嚐試著要去掌握我們每一個人所謂的「隱含心理學」（implicit psychology）。傳統上對此一理論做最佳闡釋的是 Fritz-Heider（1958）。而最近 Kelley（1967）與 Weiner（1972）也提出了許多精闢的闡釋。利用他們的研究，我們可以扼要地將這個理論的管理面，做一次回顧。

別人不斷地評估我們，而更重要的是我們也不停地評估自己。當然，我們對自己的工作績效的評估，也深深地受到其他人的判斷的影響。最後，我們自己和他人的評估，促使我們形成了原因與行動的隱含理論。這些理論所說的各個因素，對我們的工作行爲與我們花費在工作上的努力有極大的影響。

舉例來說，Henry Silber 被指定爲今年與工會談判的主要代表。很顯然地，他若不能與工會達成協議，便可能有罷工的情況產生。歸因論者認爲，對這種工作或其他任務的績效，有四個重要的評判因素。同時其他人對這些因素所做的評價、對 Henry 評估其本身及將來的表現，甚至他在公司的未來前途，都有重大的影響。這四個因素是：(1) Henry 與他人談判的能力。(2) Henry 準備及處理談判時的努力程度。(3) Henry 所面對的工作的困難度。(4) Henry 個人的運氣。

因爲我們無法對這些變數的組合一一加以詳述。所以，就讓我們假定 Henry 與工會的談判非常成功，然後再來看看底下兩種情況。第一：由於 Henry 不曾做過談判代表，所以別人就判定他在這方面是個生手。然而 Henry 的準備非常充分，同時他也極爲努力的要達成合約。此外，一般人認爲談判是件非常困難的工作，因此，沒有人會認爲 Henry 的成功只是運氣所致。很明顯地，在這種情況下，對因果關係會產生一個不同的假設，而這可能會影響組織給予 Henry 的報酬。如果大家認爲，他的成功，是因爲談判很容易，或者因爲運氣所致，甚或是因爲他的能力很强，不須太大的努力即可達成，那麼組織所給予的報酬可能就大不相同了。

Weiner 和他的同事已經能對人們如何藉著上述四項因素來評斷他人的工作績效，做許多預測，而這些預測都已在實驗研究中加以證實。而如你所想的，能力、努力、困難與運氣等因素，並非互不相關的。當下列情況出現時，一般人會將成功的因素歸於運氣：

- 當某人完成一件他以往總是失敗的事。或未能達成一件以前總是順利完成的事的時候。
- 當某人不斷地成功時。因爲別人會認爲，若不是他的能力强，就是這事很容易。
- 當某人經過一連串的失敗後，仍然遭受失敗時。因爲他人會將這個失敗歸咎於能力不足。
- 當某人完成一件其他人都失敗的工作時（或者相反的情形），因爲他人將此一成功歸於能力與努力。但假如某人在某件工作上的表現與其他人一樣，那麼這種表現的原因將會被歸於工作的困難度。
- 最後，也是最重要的，成功多半會被歸因於內在的因素，如能力或努力。失敗則比較會被歸因於外在因素，像工作的困難度與運氣。

歸因理論的基本觀念是：(1)別人（我們也一樣）會一直想辦法找出我們行爲的原因。(2)可用於歸屬這些原因的類別，相對來講，數目並不很多。但這些類別卻會影響我們對自己與自己未來的表現的判斷，而這些影響是是深遠而極爲不同的。因此，(3)動機是一種人際之間的判斷與評估，同時也是一種內在的目標與決策。底下幾章，我們將會不斷地分析行爲的社會要素，藉以探索人們爲何有某些行爲。

摘要

當Al Morrison走進他教授的辦公室時，他抱怨說他很洩氣。我們對動機理論的研究，或許並沒有解決Al的問題，但這些理論卻提供他一些有關行爲的原因。

1.成本收益原則（在廣泛的定義來說），讓我們了解Al從他的工作中獲得什麼以及無法獲得什麼。因爲當我們了解利益與損失爲何時，我們便會去追尋最大利益與最小損失。Al需要自私一點，或者他需要找一個他能夠有效自私的環境。比方說，當Al說他覺得很「洩氣」時，他可能是指他所做的工作並不能使他達成他的目標，或者他可能要求有更多的責任，甚至他可能沒有能夠在人格與工作需求間的配合，取得正確的衡鑒。

2.期望本位動機體系引導，使我們注意到一些努力的重要因素。這些因素是：會造成欲求後果的期望（expectancy），此一後果的出現（presence），以及後果的工具性（Instrumentality），透過這後果的工具性，他可以獲得其他東西（如汽車等）由於這些因素（期望、出現、工具性）都有某種程度的曖昧不明，所以我們需要做一些「環境工程」的工作。比方說，爲了要建立人們追求的報酬，或者反過來説，要增加期望以促使AI的努力，我們可能會來一個「AI工程」，想辦法將AI對事情的看法改變過來，畢竟動機與知覺是密不可分的。

3.目標本位理論提出一系列可能的需要或欲求，這些需求可能正激勵著AI。雖然這個理論並不能指出，在某一時刻那一項需求對他是重要的。也許幫助AI最好的方法是仔細的聽他訴苦，然後想辦法從他的抱怨中找出那種需求是他現在所迫切需要的——如文化的期望（cultural expectation）、社會的目標、參與的需求、控制的欲望，或其他需求——並看看他的需要是否衝突。

4.互動理論對動機的觀點告訴我們，AI對他自己的評價以及對工作所投入的努力，也牽涉到同事與上司對他的評價。假如其他同一級的記帳員都花費較少的努力，卻獲得較多的錢，我們就可能必須討論公平的問題了。倘若AI的一些好的工作表現，都被自己或別人歸因於運氣或工作的容易達成，那麼我們就可能必須要處理歸因本位的動機問題了。

一位好的激勵者，不論是在增進部屬、同事或自己的努力時，必須同時注意人的內在因素（如期望與目標）、及外在因素（如工作環境、價值感，與社會環境中個人的反應行爲）。在此一知識不甚完全的階段，來選擇那一種觀點較爲恰當，實在不是本章的論題，本章所討論的是激勵的效果。若能將這些內、外在因素的分析加以整合，並透過對工作、人、社會環境，或此三者的適當調整，使得阻礙努力的因素消逝無蹤，那麼管理者的激勵效果必然能有所增進。

本章參考書目

Adams, J.S. "Inequity in Social Exchange." In L. Berkowitz (ed.), *Advances in Experimental Social Psychology*. Vol. 2. New York: Academic Press, 1965.

Alderfer, C.P. "An Empirical Test of a New Theory of Human Needs." *Organizational Behavior and Human Performance* 4(1969): 142–75.

Arvey, R.D. "Task Performance as a Function of Perceived Effort–Performance and Performance–Reward Contingencies." *Organizational Behavior and Human Performance* 8(1972): 423–33.

Blau, P.M. *Exchange and Power in Social Life*. New York: Wiley, 1964.

Bonoma, T.V."A New Methodology for the Study of Industrial and Social Choice Behavior." *Journal for the Theory of Social Behavior* 5(1975): 49–62.

Bonoma, T.V., W.J. Johnston, and J. Costello."The Social Psychology of Decisions Under Uncertainty." University of Pittsburgh *Working Papers*, 1978.

Boring, E.G. *A History of Experimental Psychology*. New York : Appleton, 1950.

Braginsky, B.M., D.D. Braginsky, and K. Ring. *Methods of Madness: The Mental Hospital as a Last Resort*. New York : Holt, 1969.

Campbell, John P., and Robert B. Pritchard."Motivation Theory in Industrial and Organizational Psychology." In M.D. Dunnette (ed.), *Handbook of Organizational and Industrial Psychology*, pp. 63–130. Chicago: Rand McNally, 1976.

Clark, J.V."A Preliminary Investigation of Some Unconscious Assumptions Affecting Labor Efficiency in Eight Supermarkets." Ph.D. dissertation. Harvard University, Cambridge, 1958.

Cofer, C.N., and M.H. Appley. *Motivation: Theory Research*. New York: Wiley, 1964.

Dunnette, M.D., J.P. Campbell, and M.D. Habel. "Factors Contributing to Job Satisfaction and Dissatisfaction in Six Occupational Groups." *Organizational Behavior and Human Performance* 2(1967): 143–74.

Filley, A.C., and R.J. House. *Managerial Process and Organizational Behavior*. Glenview, I11.: Scott, Foresman, 1968.

Filley, A.C., R.J. House, and S. Kerr. *Managerial Process and Organizational Behavior*. 2d ed. Glenview, I11.: Scott, Foresman, 1976.

Georgopoulos, B.S., G.M. Mahoney, and N.W. Jones. "A Path-Goal Approach to Productivity." *Journal of Applied Psychology* 41 (1957): 345–53.

Graen, G. "Instrumentality Theory of Work Motivation: Some Experimental Results and Suggested Modifications."Monograph. *Journal of Applied Psychology* 53 (1969): 1–25.

Hall, D.T., and K.E. Nougaim. "An Examination of Maslow's Need Hierarchy in an Organizational Setting." *Organizational Behavior and Human Performance* 3 (1968): 12–35.

Heider, Fritz. *The Psychology of Interpersonal Relations.* New York: Wiley, 1958.

Herzberg, Frederick. *Work and the Nature of Man.* Chicago: World Publishing Company, 1966.

Herzberg, F., B. Mausner, and B. Synderman. *The Motivation to Work.* 2d ed. New York: Wiley, 1959.

Homans, George C. *Social Behavior: Its Elementary Forms.* New York: Harcourt, Brace, and World, 1961.

Jorgenson, D.O., M.D. Dunnette, and R.D. Pritchard. "Effects of the Manipulation of a Performance-Reward Contingency on Behavior in a Simulated Work Setting." *Journal of Applied Psychology* 57 (1973): 271-80.

Kelley, H.H. "Attribution Theory in Social Psychology. "In D. Levine (ed.), *Nebraska Symposium on Motivation.* Lincoln: University of Nebraska Press, 1967.

Lawler, E.E. *Motivation In Work Organizations.* Belmont, Calif.: Brooks/Cole, 1973.

Maslow, Abraham H. "A Dynamic Theory of Human Motivation." *Psychological Review* 50 (1943) 370-73.

——*Motivation and Personality.* New York: Harper & Row,

McGregor, Douglas. *The Human Side of Enterprise.* New York: McGraw–Hill, 1960.

Porter, L.W. *Organizational Patterns of Managerial Job Attitudes.* New York: American Foundation for Management Research, 1964.

Porter, L.W., and E.E. Lawler. *Managerial Attitudes and Performance.* Homewood, Ill.: Dorsey Press, 1968.

Pritchard, R.D., and M.S. Sanders. "The Influence of Valence, Instrumentality, and Expectancy on Effort and Performance." *Journal of Applied Psychology* 57 (1973): 55–60.

Rosenthal, R., and N. Jacobson. *Pygmalion in the Classroom.* New York: Holt, 1968.

Scheff, T.J. *On Being Mentally Ill.* Chicago: Aldine/Atherton, 1966.

Tedeschi, J.T., B.R. Schlenker, and T.V. Bonoma. *Conflict, Power and Games: The Experimental Study of Interpersonal Relations.* Chicago: Aldine, 1973.

Tedeschi, J.T., and S. Lindskold. *Social Psychology.* New York: Wiley-Interscience, 1977.

The Conference Board. *Behavioral Science: Concepts and Management Application.* New York: The Conference Board, Inc., 1969.

Vroom, V.H. *Work and Motivation.* New York: Wiley, 1964.

Weiner, B. *Theories of Motivation: From Mechanism to Cognition.* Chicago: Markham, 1972.

第四章　決策

Al Heiles 與 Betty Lacey 在公司的休息室裏，慢慢地喝著咖啡。「Al, 你知道嗎？」Betty 說：「公司給我們這麼多錢，請我們來當管理者，但是却從來沒有人教我們要怎樣做一個管理者。他們說，我要會做損益平衡分析，要懂一些會計，同時也要有一些經濟學的基礎。但是這些都不是我們日常所做的事啊！」

「Betty, 你說的對！」Al 回答說：「公司給我們錢，也許是因爲我們有能力去指揮與控制我們自己和部屬的行爲，就像書本上所說的一樣。或者我只是因爲工作表現良好，才拿這些薪水的。公司裏頭每天總有一些緊急事件，一些問題發生，而我們都順利地解決這些事。這些就是公司付錢給我們的代價，你也一樣，不是嗎？」

「你是說解決問題?管理者的工作不是比那些還要廣泛嗎?難道眞的是因爲我們比別人懂得多，甚或因爲我們解決了問題，我們才賺這些錢?而不是因爲我們有做決策的膽量，並能夠堅持到底嗎?」

「Betty，你可難倒我了!」Al回答說:「不過決策者最好回去做他那單調而固定的工作，否則公司會找其他人來做。」

管理者做什麼事會比其他人做得好呢?或者至少較有一致性呢?管理者爲什麼會成爲一種專業人員?他們又憑什麼拿那麼多薪水呢?對此，曾經有許多人提出說明。最典型的一個是:「管理者以一種既有效率又有效能的方式，來計劃、組織及控制他們自己與其他人的行爲(Gulick, 1973)」。另外一種看法是:「管理者是領導的專家，他們將日常重大而基本的工作授權給他人，如此，管理者才能將他們的時間用來規劃策略性目標。(Mitzberg, 1973)。」另外，有些人(Bonoma and Slelvin, 1978)認爲，管理者眞正比我們大部分人做得好的是，他能有效地修正他人的行爲。

上述各種說法，都淸楚地解釋了管理者做的工作是什麼?然而，在管理專業知識的範疇裏，似乎還有一項更基本的活動(這在上述各種解釋是共通的一點)，它對管理者的能力提供了一個較爲基本的解釋(Vroom and Yetton, 1973)。因此，管理者不論他們是在計劃、組織控制，或是修正行爲，他們都要做決策。我們的觀點是，管理者之所以會有高薪與高度滿足，是由於他們在做決策時所運用的專業知識的緣故。

本章所討論的是決策的制定，以及我們如何能夠了解，並改進個人與羣體的決策行爲。首先我們要看看決策的本質，以及抉擇的要素爲何？然後我們再看看個人決策可能發生的現象。最後，再以羣體決策的過程及其問題做爲本章的總結。（有關決策的概說，請參考 Lee,1971，而決策理論在領導上的應用，請參考 Vroom and Yetton,1973）。

什麼是決策？

「決策」（decision）跟「抉擇」（choice）是兩個頗具深義的字。然而，由於一般人的濫用，它們往往失去了明確的定義（請參考 Rapaport, 1964）。決策與重大的、間斷的事件比較有關。但是決策本身卻往往不是間斷的；有時它們是含糊不清的。然而，決策與各種行爲都有關。而這些行爲，我們並不慣於將它歸類爲抉擇的活動之中。

爲了便於討論，我們將決策定義如下：

- 是某些行動方案的知覺和考慮。
- 有某些正面或負面的後果。
- 有成功進行的可能性。

行動方案

早上十點，Kate Johnson正坐在她的桌前，回覆一些辦公室間的文件。事實上她可以利用這段時間來準備一下十一點就要舉行的幕僚會議。但是她覺得，那些公文已在桌上積壓了一個星期之久，實在不能再拖延下去了。她也可以請個病假不來上班。事實上，當她看到昨晚下的那場兩尺厚的大雪時，她幾乎就這麼做了。然而，無論如何，她來上班了，而且很認眞地在工作。雖然Kate不知道這個時候，財務副總裁Jim McComb正經過她的門口。這位副總裁正急著要一份分析報告，而這份報告正夾在那堆公文當中。他不知道Kate正在處理這個問題。假如Kate這個時候走出她的辦公室，就可以告訴副總裁她的發現，那麼她升遷的機會就大多了。然而她忽略了，Kate繼續地工作著。這天早上，Kate做了什麼樣的決策呢?

Kate處理這些文件的決策，以及他前來上班的抉擇，都符合了我們第一個準則：行動方案的知覺和考慮。但是在Jim McComb的情況中，Kate並未涉及選擇的問題。如果她知道Jim在門口，而仍然繼續處理公文，那才算是一個抉擇。但她就是不知道在繼續工作與可能的晉升間，有一個抉擇存在。要做抉擇，必須要有方案的存在，同時還要知道有這麼一個方案（請參見Lee, 1971）。

當我們決定（就像Kate做的一樣）繼續進行一個活動，或者我們根本沒有去考慮要停止或繼續的時候，我們都是在做抉擇，我們決定要做個抉擇，或者我們決定不做抉擇。一個推銷員，想了好幾個星期，要回去找那位可能談妥生意的顧客，但他卻沒有這麼做。如此，他也做了一個決策——他決定不回電話給那位顧客。決策並不一定要有活動的改變。改變或許是抉擇的一種結果，但是抉擇也可以正當地用來描述當前活動的再肯定，或者甚至在可以做其他選擇時，不採取任何行動。習慣、風俗，和傳統，往往會將我們導向第三個方案：維持現狀。

決策的後果

由上述定義，我們知道抉擇需要對某些行動方案有許多知覺。然而，抉擇還必須要在行動方案實施後，對行動者造成某些正面或負面的後果。你不妨考慮一下圖 4－1所描述的困境。

這雖然有些過分簡化，但卻是非常普遍的情況：你很早就到達機場了，但是當你去登記的時候，卻發現你竟是這班飛機的候補者。一般而言，預約的旅客總有一些不會前來搭機，所以航空公司所接受的預約，往往會比實際的座位要來得多。然而今天，每一位預約的旅客都來了，而且來得比你還要早。這時你的處境頗為令人不快。你可

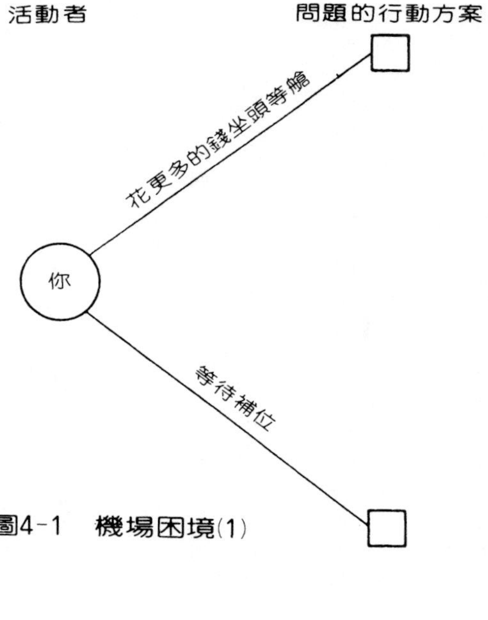

圖4-1　機場困境(1)

以多付點錢坐頭等艙，或者接受補位。所謂補位，就是說：倘若每一個預約的乘客都上機後，頭等艙還有剩下的位置，那你同樣也可以上飛機。不然你只好改搭下一班飛機了。

假定基於某些原因，搭不搭這班飛機，對你並沒有什麼差別。或許你這一趟飛機是從 Michigan 要回 Miami 的家放寒假，同時告訴你的爸媽，你的生物和法文被當了。或許你這趟飛機是要去參加一個既呆板又討人厭的專業會議，而你參加這次會議只是出於一份强烈的責任感。或許這趟飛機是要去 Joplin, Missouri 拜訪一位新顧客，而你知道 Joplin 並不是一個渡假的好地方。不管是什麼理由，你就是不在乎搭不搭這班飛機。但是問題仍舊是：在花錢坐頭等艙與等候補位之間，你是否眞的必須做個抉擇。

你對於所有的行動後果都不在意，那麼你就沒有所謂抉擇了。假如你用−100到 +100來衡量你搭這飛機的感覺，那麼你得到的將會是0（無差異）。所以你沒有理由要做抉擇。不管發生什麼，你都不會在意。你可以擲個硬幣，或是隨便找些事情來做，而根本不必去做決策。

當然，在上述機場的例子及日常生活中，眞正毫不在意的情況，實在是少之又少。你所在意的可能是極爲瑣碎的事，例如，你已經開車到機場了，如果不搭上這班飛機似乎有點愚蠢。或者也許你看到一位漂亮的空中小姐或英俊的空中少爺，所以你想等下班飛機，以便同她（他）在一起。即使當行爲後果非常接近時，也往往會有一些小地方使我們做某一抉擇。這裏的觀點是：對於某些方案的後果，如果有眞正的無差異存在，那麼這可行方案就不能算是一個抉擇。

但是，當你對可能決策的後果，具有相等的正面或負面感受時，又當如何呢？是否還有抉擇存在呢?決策論者會說:是的。這有二個理由。第一個理由是(就無差異而言):任何兩個方案，不太可能產生價值上絕對相等的後果。假定由於命運的撥弄，你生在一六〇〇年的Salem大審判時期，同時被判定爲是一個女巫，因此要被淹死或燒死，以示懲罰。這時候，你就面對一個眞正的抉擇了。對你而言，淹死也許比燒死還來得人道些，或者你也許會認爲，木頭很可能是濕的，所以火大概不會燒得很烈。如此，即使是在這樣牽强的例子中，兩種同樣糟糕的死法(一100)，往往還是會有抉擇的。

第二個理由是後果的相等，並不會使抉擇消失，它只會使抉擇更困難而已。我們通常稱這種幾近相等的決策問題爲:「困境」(dilemmas)，表示要在方案之間做一抉擇是非常困難的。餓死在兩堆乾草之間的公驢(牠不會餓死—見第六章)，或是要在兩個一樣好的工作中做抉擇的學生，都是這樣的例子。在第六章談到衝突時，我們會對這些棘手的抉擇問題，作更詳細的討論。基本上，兩個決策的結果愈相近，抉擇的工作將會愈困難。

這裏有幾點需要記住的是:行動方案與其結果有關。更進一步說，人們可能認爲這些結果極有價值，或一文不值。有時候，行動後果所產生的是無差異，也就是說它沒有價值。當某一後果沒有價值時，那麼與它相連的行動方案，也就不能算是有用的決策路線了。但是，當兩種後果有大致相等的價值時，很可能經過巧妙的比較之後，還是可以有所抉擇，或者可能會有方法解決這種因困難而產生的衝突。

很不巧的是，經過一段長時期的研究之後，沒有人能夠確知如何可靠而迅速地以一種有意義的方式，來衡量行爲後果對個人的價值。（請參考 Bonoma, Johnston,and Costello, 1978）客觀的衡量方法（例如想辦法對每一個後果賦予金錢價值）老早就被摒棄了，因爲一塊錢對一位百萬富翁和一個乞丐而言，它的價值就不一樣。至於個人價值（決策論者稱之爲效用）的主觀方法，在個人或各個時點並不可靠（請參考 Bonoma et. al., 1978）。但是當科學的嚴密性不必要時，管理者便能找到簡易的衡量方法。本章稍後將會討論一些衡量你對個人決策後果的價值感之粗略原則。

成功的可能性

不論我們在選擇行動時多麼地小心，我們很難確定這些行動會帶來預期的結果。對一個即將在廣告代理委員會舉行的會議，Mary 的準備也許特別地用心，但是這準備並不能保證她必然能夠做這項新的肥皂廣告。Allan 可能決定要加倍努力，以參加即將舉行的 GMAT，但他的努力卻不一定能擔保他能得到 Harvard 的入學許可。Mary 和 Allan 兩個人的努力，都只是在增加達成預期結果的可能性或機率而已。

因此，當我們在做決策時，我們必須考慮一下這些決策的後果，以及採取行動以後，這些後果眞正發生的可能性（機率）。成功的可能性越大，我們的行動達成預期後果的可能性也就越大。

很顯然的，假如兩個方案之中，有一個方案達成預期後果的機率等於零，那麼它們之間也就無所謂抉擇存在了。對一個從六十層樓跌下來的人來講，狂亂地擺動雙臂希望能飛起來，與保持靜止不動之間的抉擇，絕不是一種決策。任何人都知道，這人無論做什麼，都不會改變他將重重摔下來的機率。若要有抉擇，那麼你的方案至少必須要有產生預期效果的可能。

這裡有一點頗爲微妙：眞正重要的並不在於行動產生預期後果的客觀（眞正）機率，而是行動者主觀的機率或個人信念。（Lee, 1971）假如我們那位從高樓上掉下來的老兄相信狂亂地擺動雙臂有可能讓自己飛起來，那麼他的確有所抉擇。主觀的機率是個人對於抉擇達成預期後果之可能性的一種直覺。（Savage, 1971）這種機率可能從零到一，機率越大，你的抉擇行動（不論是那一種行動）達成預期後果的可能性也就越大。

當然，在決策結果機率是確定的情況下，也就是說當某種行動總會導致相關的後果時，仍然有抉擇存在。這是因爲我們必須比較兩個或多個行動方案，因此，行動還是必須做決策。舉例來說，假如 Harry 知道揍他那討厭的上司必然會被炒魷魚的話，那麼他可以將這個上司飽以老拳，然後被解雇，或者繼續忍受工作上的屈辱。

決策樹（Decision Tree）

現在大家應該都會同意，決策狀況應包括有一個或多個可行方案，而這些方案對行動者有正面或反面的後果，同時有些方案達成預期後果的機率不等於零。對於任何一種決策（包括管理的困境）我們都可以用一種有用的圖示加以表示。這種方法稱爲決策樹（decision diagram or decision tree），就像其他的路線圖一樣，決策樹經常還加上許多說明，以便澄清含混不明的狀況。

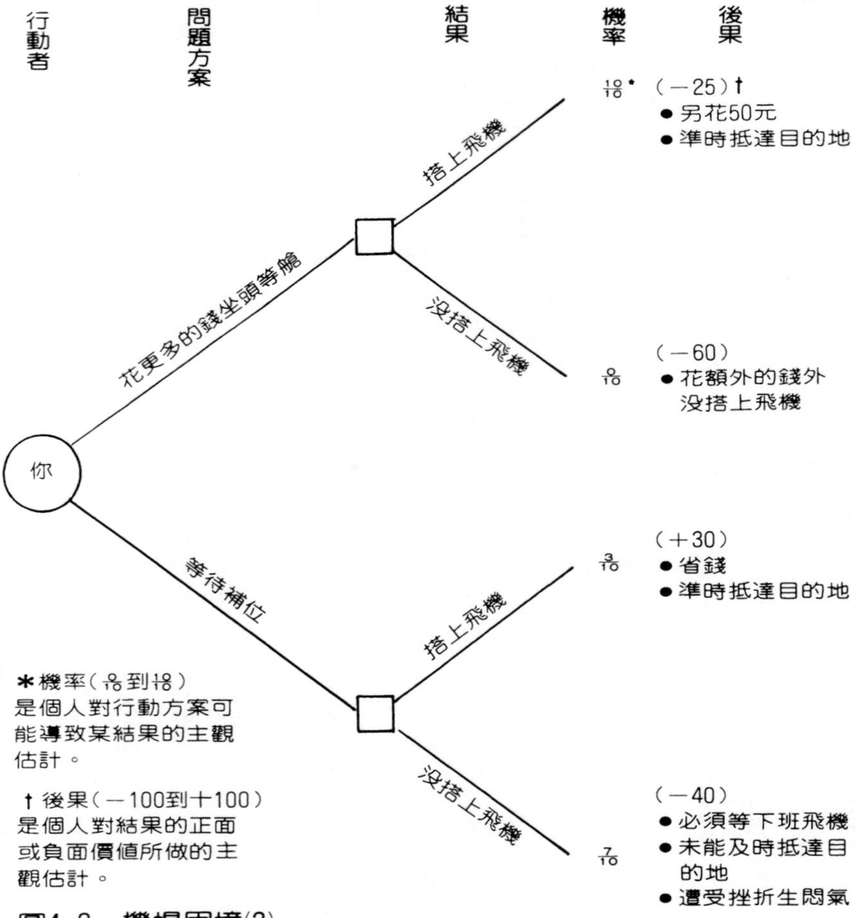

＊機率(0/10到10/10)是個人對行動方案可能導致某結果的主觀估計。

† 後果(－100到＋100)是個人對結果的正面或負面價值所做的主觀估計。

圖4-2　**機場困境(2)**

我們不妨再看看機場困境的問題，圖４－２再一次以圖來表示這個問題，不過這一回加了些東西，這次我們製作一個完整的決策樹。首先，我們用兩個分支來表示問題或方案：一個是你必須花額外的錢來買頭等艙的機票，以便搭上飛機。或者，你可以等待，期盼有人取消預約，那麼你就可以補位上機。（當然還有其他方案，例如調頭回家。然而，我們還是假定只考慮兩個方案。）

此外，在決策樹的主分支，我們再加上兩個副分支，以表示每個方案的可能結果。譬如說上面分支顯示，在決定花錢買頭等艙機票之後，你可能搭上，也可能搭不上這班飛機。下面的分支（等待他人取消預約），也可能產生同樣的結果——搭上或沒搭上這班飛機。

圖４－２的最後兩欄，其中一欄表示決策導致可能後果的可能性，另一欄則用數字來衡量那些後果。例如，圖４－２中最上面的分支，我們可以看出來你花額外的錢買頭等艙機票，就必然可以搭上飛機——售票員說這可能性是十分之十。因爲你相信售票員的話。假如你花錢買張頭等艙機票，你就必然會搭上這班飛機。所以，另一結果的可能性便是十分之零。倘若我們可以用一些合理的數字來衡量你滿意與不滿意的程度，那麼我們就可以將這些數字塡入圖中的最後一欄。舉例來說：假定滿意程度由－100單位到＋100單位，而0表示沒有差異（indifference）那麼你也許會說，花錢買頭等艙的機票加上準時到達目的地這個事實，對你而言大約値－25個單位。同樣地，你也許會說，假定基於某些理由，即使你買了頭等艙的機票，你仍然沒搭上飛機，對你而言大約値－60單位。範例4-1用卡通方式，提出一些以這種方式考量滿意程度的參考原則（Costello, Personal Communication）。

現在，我們已經完全明白，做一個好決策所必須知道的事情了吧？錯了！我們知道什麼是決策，而且我們甚至知道如何以一種有用的方式做一個決策樹，但我們還不知道（我們必須知道）如何做個好決策。

管理者的決策

爲了做好決策，並辨明好決策與壞決策之分，我們必須要知道三件事。首先我們必須要知道的，我們對於自己（決策者）與環境（決策狀況），做了什麼假設？其次我們必須知道，我們要如何衡量一個決策成功的可能性（機率）及其後果（結果或效用）。再其次我們必須知道，考慮一個決策的合理（好的）或不合理（不好的）的標準是什麼。然後，我們才能夠提出改進決策效能的技術。

範例4－1 決策問題

1. 請讀這段故事

Mary有一份固定的辦事員工作，這份工作沒有什麼晉升的機會。她的哥哥正預備自行創業，從事室內設計的工作，因此建議她辭掉工作，爲他處理行政方面的事務，分享營業利潤，或分擔損失。

2. 假定你是Mary，那麼你就必須在兩個行動方案中做個抉擇。

(a)繼續留在現在的公司，或(b)和你哥哥一起工作。如果你選擇(a)，那麼你會有份安穩的工作，你不會失業。假如你選擇(b)，那你可能會有所改善，也可能變得更糟。

Mary 喜歡和她的哥哥一起工作。如果他們做得好，她可能會比現在賺更多的錢。但是，如果他們失敗了，她便失業了⋯，同時，她可能和她哥哥吵架。

滿足程度

假定你能將你自己在某一種情況下的滿足程度打個分數，對於那些只有好處而沒有任何壞處的情況給予＋100，對只有壞處的情況給予－100。至於不好不壞的，就給予零。

大部份的情況都有某些好與壞的地方，而你的滿足正是好與壞的餘額。

你可以將你對某一情況所給的分數，在－100到＋100的刻度表上表示出來。

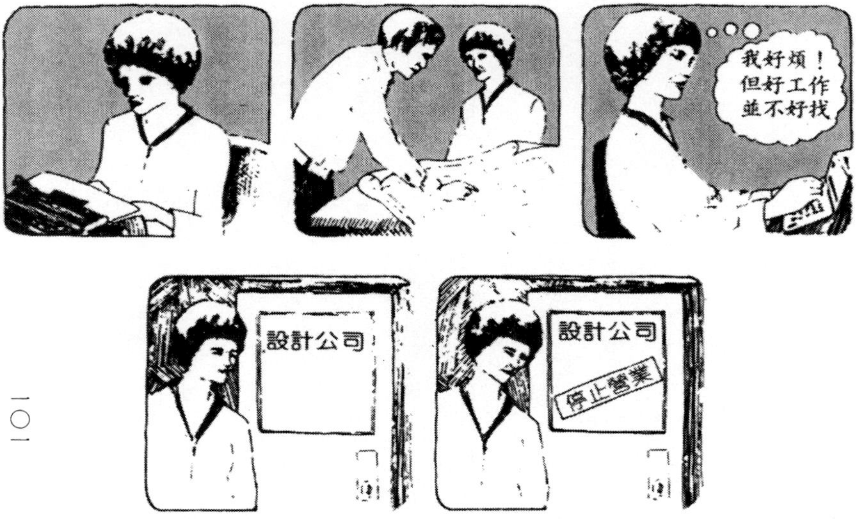
我好煩！
但好工作
並不好找
設計公司
停止營業
設計公司

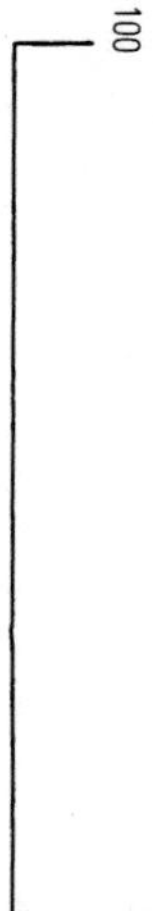

讓我們將刻度表上的每一個點稱爲一個滿足單位，你在每一種情況下都會有一定數量的滿足單位。只有你才能決定某種情況對你的價值是多少滿足單位。無所謂對與錯。

例如：

假定你是Mary。那麼，你繼續留在公司工作的滿足程度爲何？它會給你多少滿足單位（SUs）呢？在底下刻度表上做個記號，表示你所給的滿足單位。

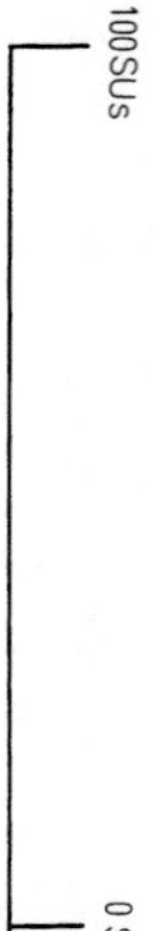

如果你從事新的工作而且頗爲成功（公司做得很好，很賺錢，同時你工作得也很愉快。）那麼你會有多大的滿足呢？在表上做個記號，表示你對此一情況滿足的單位數。

假如你從事新工作但却失敗了（公司倒閉，而你失業了）那麼你的滿足程度又如何呢？在表上做個記號，以表示你對此一情況滿足的單位數。

可能性

當你考慮一個未來的情況時，你知道它可能會發生，也可能不發生，你必須冒點風險。我們假定有一個機率的刻度表，而每一種情況都有某種程度的發生率。

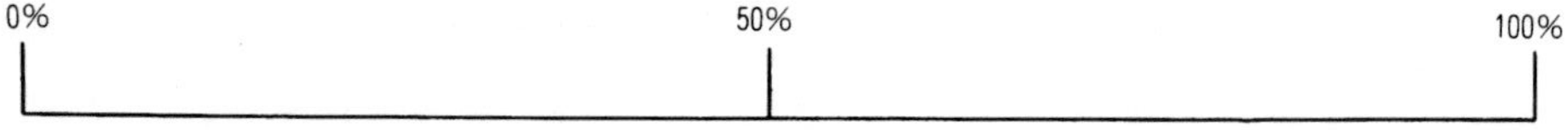

上述刻度表的一端表示沒有發生的可能性（0%），另一端則表示此一情況必然發生（100%）。只有你能決定可能性是多少。無所謂對與錯。

抉擇過程中的假設

在抉擇過程中，有二種假定——那些與決策情況有關的假設和那些有關決策者的假設（請參見 Lee, 1971）。

與決策狀況有關的主要假設，所牽涉的是決策方案的機率與後果。基本上，我們可以假設，可行方案達成結果的可能性爲主觀或客觀的，而決策者對這些結果所持的正、負面態度，爲已知的或未知的。圖4－3表示這些假設的不同組合。

在這四個假設的組合中，你認爲那一個最能夠清楚地表示出大多數的決策環境呢？我們也許可以爲每一組假設，找出一個實際生活中的例子。（請參考 Rapaport, 1964），例如，第一格表示決策機率是客觀的，同時，決策的後果已知。如果我們假設決策者衡量金錢的方式與其客觀價值相似，那麼上述假設與賭場的情況頗爲近似，玩這種遊戲成功的機率極爲明顯，因爲兩個骰子只能出現三十六種情況。如果我們知道決策者認爲五元的價值是一元的五倍，那麼就符合第一個方格之假設了。同樣地，我們可以爲第二個方格想個例子。然而，（我想你也會同意），上述那些假設中，最能代表大多數決策的假設是第三與第四格，也就是說，機率是主觀的，而後果則爲已知或未知。

即使像預測今天會不會下雨這樣瑣碎的情況，我們也是在第三和第四格的假設中運作著。（Savage, 1971），當氣象報告說，下雨的機會是十分之七，他們的意思並不是說以前具有相同氣象特徵的日子，十天有七天下雨。也不是說雨會下在預測區域百分之七十的土地上。而是，他

圖4—3與抉擇相關的機率與後果

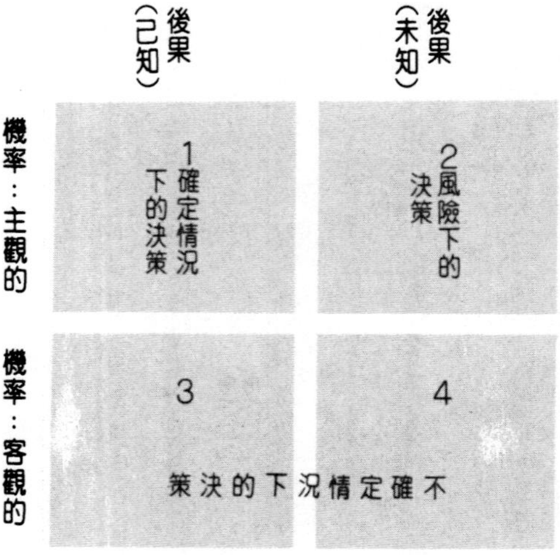

們認爲今天很可能下雨。他們的「猜測」所根據的是氣象資料，過去事件的觀測，以及其他資料的組合。雖然如此，這種預測基本上仍是一種內在的猜測。

同樣地，下雨天的後果，在它們未發生之前，對你而言既主觀又未知。倘若開始下雨時，你正好在學校或辦公室內，那麼你也許並不在意下雨。但是，假如這時你正穿著一套新西裝，手中又沒帶傘，同時一英哩之內都找不到避雨的地方，那麼這後果可能是重要而負面的。要事先預知後果是很難的，同時這些後果的重要性與價值都是個人主觀的估計。例如，一個要經過某個鄉鎮去開會的人，和一個在公園等待的情人，對於迷濛的細雨就可能有極不相同的主觀評估。但無論如何，要推測他們對下雨的主觀估計，並非不可能。關於與抉擇相聯的機率和後果，必須記得的是：(a)他們通常是主觀的，甚至是未知的，(b)但是，他們往往是可以猜測的。

談到個別的決策者時，需要做一些假設。早期的決策論者（請參見 Rapaport 1964 or Lee, 1971）認爲要描述一個虛構的人物，以包含所有不同的假設特徵，是一件方便的事。我們將此一虛構的人物稱爲經濟人（Economic Person, 簡稱 E.P.）爲了決策理論與研究的方便，我們做了一些有關經濟人的假設。

- 經濟人對他所有的方案都知曉（completely aware）。
- 經濟人對於機率與後果的不同，有完全的敏感度（infinitely sensitive）。這就是說，經濟人即使對兩個幾乎完全相等的方案，也能看出它們之間最小的差異。
- 經濟人的抉擇行爲在各個情況和時點都是完全一致的（completely consistent）。假如經濟人喜歡豬肉勝於鷄肉，喜歡鷄肉勝過魚肉，那麼經濟人在任何情況下，只要讓他選，他都會選豬肉。

●經濟人是全然自利的（totally self-interested）。他所關心的是將他決策的正面後果給極大化，而將反面後果極小化。

除了上述最後一點是正確的假設外（見成本—收益原則第三章），其他所有的假設都還不夠堅强。下列是有關決策者的一套較爲正確的假設：（請參考 Simon, 1975, 或 Lee, 1971）。

●決策者對他們的可行方案並不全然知曉。他們通常只知他們選擇範圍中的一小部分。更進一步說，他們通常只會去探索他們選擇空間的一小部分而已。

●他們對於機率與結果的不同並不具有完全的敏感度。他們只能感覺到方案間相對的，大的差異（Kling 和 Riggs, 1971）。

●決策者對於他們的抉擇，往往不太一致（Rapaport, 1964）。即使他們比較喜歡吃肉，他們也可能爲了某種奇特的理由而選擇魚（或者是風俗，或者是宗教因素）。更進一步說，他們在不同的決策狀況下，往往會有不太一致的決策。

●在某一限度內，他們的確會採取行動，從他們的決策中，將利益極大化，損失極小化。但這往往會受到其他事物（包括其他的假設）的影響（在討論理性的時候，我們會有更詳盡的探討）。

我們覺得上述這些修正，正確地反映了人們實際上如何做決策。對於這些假設的總評是：我們所面對的決策問題往往是主觀而不明確的。更進一步說，處理這些問題的決策者並不是一部具有完整功能的計算機，而是一個有時候不太一致，沒有完全敏感度的人類。我們沒有一個人會像數學家和經濟學家所理論化的經濟人一樣。

衡量有關決策之機率和後果

如同範例4－1中，Mary 的故事所要說明的，對於有關決策的機率和個人的價值感，有一種直接的衡量方法。這種方法非常主觀，更嚴重的是，它幾乎完全要受管理者（或其他決策者）使用它時之一致性的影響（Bonoma, 1977）。然而它確實提供了一種實在的、可用的以及易於了解的方法，以估計與決策方案相關的可能性及價值。在此我們可能需要做一個較爲完整的說明。

要估計機率，你所要提供的只是你對行動達成預期後果的可能性的直覺。用一個從十分之〇至十分之十的刻度表（見範例4－1），十分之〇表示你所做的和實際所發生的完全沒有關係，而十分之十表示你所做的一定會達到預期的結果。

當討論效用或各種決策的主觀價值時，使用－100到＋100的刻度表似乎是比較方便的。我們稱這種刻度表上的增量爲滿足單位（Satisfaction units），但你也可以把他們稱爲「價值」或「效用」。重點是，這刻度表上的數字，是用來指明你對決策所造成地所有後果（包括金錢的，物質的，心理的與情感的）之總合的最後猜測。用〇這一點表示你對結果是無差異的，而用－100到＋100之間的數字來表示，你對某一既定後果之價值的感受。假如人們將＋100視爲決策可能產生的最佳事物（如天堂，無上的幸福等等）之代表，那麼他們對自己的決策後果比較能夠衡量。－100

則用來表示某一決策可能產生的最糟糕的後果（比如死亡）。利用這些定點，再加上一些練習，你將會發現能夠用一種一致而有用的方式，將你的決策的滿足單位表示出來。

你可能會發現範例4—2對於定出一個眞實生活中決策問題的機率與滿足單位，是很有用的。你不妨假定自己處於Robert Gorden的情況下。想辦法去找出決策困境中的機率。在你還未購買新房子之前，先將你可以接受的最低可能性寫下來，然後依照此一情況下的行動者的方式行動。

範例4—2另一個決策問題

Robert Gordon想要買一幢大一點的房子。現在，他的家中並沒有娛樂室，所以他在考慮買一幢有娛樂室的房子。當然他也可以在他現在的房子旁邊加蓋一間娛樂室。

假如他決定在他在的房子旁邊加蓋一間娛樂室，那麼他可以完全依照自己的需要設計。只是屋旁的面積不夠大，加蓋起來的娛樂室可能會比他心目中所要的來得小。整個工程大約要八個月才能結束，所以在加蓋完成之時，他有辦法付現，加蓋的另一好處是，他可以監督整個營建過程，因此可以確保材料和施工的品質。

另一方面，他可以賣掉舊房子，並付一筆可觀的抵押款另買一幢房子。這個行動有個好處是可以搬到新的地區，而這地區可能比現在所居住的地方更有趣，更高級些，當然他可以選擇一幢有大娛樂室的房子。這個方案最大的缺點是他想要買的房子需要付一筆可觀的抵押款。這些錢並沒有高到會影響到他的生活方式，但是如果他生病了或失業了，或者必須爲新房子做一些無法預知的修理，甚至如果買他的舊房子的人不履行合約時（因而他就有兩間房子和兩筆房屋支出），這些錢就可能會是一種負擔。

收益—損失　摘要

方案一：加蓋娛樂室

好與壞：擁有一間朝思暮想的，施工好、品質高的娛樂室，對他而言值＋55個SUs（滿足單位）。長期的施工與較小空間則值－45個 SUs。因此加蓋娛樂室的總滿足單位是＋10。

成功的可能性：在他的房屋旁加蓋一間高品質的娛樂室成功的機會是十分之十。

方案二：買一幢新房子

好與壞：對 Robert 來說，擁有一幢新房子，裏頭有大的娛樂室值＋85個滿足單位。而在抵押期間，可能發生財務困難，或買主不履行合約，對 Robert 而言值－65個滿足單位。

成功的可能性：假定你是 Robert，而下面所列的是買新房子而不含有財務困難的機率（或可能性）。請將你願意考慮接受並（感到）值得買一幢新房子的最低機率勾出。

成功的購買新房子，而沒有發生財務上的困難的機率　0/10
成功地購買新房子，而沒有發生財務上的困難的機率　1/10
成功的購買新房子，而沒有發生財務上的困難的機率　2/10
成功的購買新房子，而沒有發生財務上的困難的機率　3/10
成功的購買新房子，而沒有發生財務上的困難的機率　4/10
成功的購買新房子，而沒有發生財務上的困難的機率　5/10

成功的購買新房子，而沒有發生財務上的困難的機率 6/10
成功的購買新房子，而沒有發生財務上的困難的機率 7/10
成功的購買新房子，而沒有發生財務上的困難的機率 8/10
成功的購買新房子，而沒有發生財務上的困難的機率 9/10
成功的購買新房子，而沒有發生財務上的困難的機率 10/10

Source: Adapted from T.V. Bonoma and W.J. Johnston,"Decision Making under uncertainty" *Journal of Consumer Reasearch*, Vol. 6, No. 2（September, 1979）.

理性

既然我們已經知道我們對決策情況與決策者所做的假設，同時也明白如何衡量，或至少是給定可能性與價值，那麼對於決策的解釋與改進，就只缺一個重要的因素了，那就是我們用來判斷決策是好是壞的標準。倘若你也假定人都是自利的，會想辦法將他們從決策中所獲得的利益極大化，那麼我們就能夠辨明理性的（或好的）與非理性的（或壞的）決策了。所謂合理的決策（rational decision）是會使行動者得到最大正面後果與最小負面後果的決策。但是，由於決策只能以某種可能性來達成它們的結果，為了判斷決策的合理與否，我們必須以決策後果發生的可能性，來衡量後果的各個單位數。決定你的決策理性與否的步驟可以在範例 4－2 所完成的決策來說明。

情況一：機率爲十分之六。假設你選擇了十分之六這個機率，那麼你就爲 Robert 提供了成功的可能性。有了這個資料，我們利用成本－收益的標準（將你從決策所產生的滿足單位數極大化）就可以找出你的決策理性的程度了。

- **就方案一而言，在現有房子的旁邊加蓋娛樂室，Robert 將會得到（＋55 SUs × 1.0）＋（－45 × 1.0）個加權滿足單位（＋10）。**
- **就方案二而言，Robert 會得到（＋85 SUs × 0.6）＋（－65 SUs × 0.4）個加權滿足單位（＋25）。**

很明顯地，假如 Robert 對成功可能性的估計的確是十分之六，那要我們將會大力地推薦 Robert，考慮購買新屋。因爲他從這個方案中所得到的滿足比加蓋娛樂室還要來得多（＋25比＋10）這會是個理性的決策。

情況二：機率爲十分之三。假定你在成功機率只有十分之三的情況下，仍然建議 Robert 買新房子。那麼他從第一個方案得到的加權滿足單位數仍是＋10，但從第二個方案中所得到的滿足單位卻只有（＋85 SUs×0.3）＋（－65 SUs×0.7）個單位數（－20）。顯然地，用自利和決策後果極大化的衡量標準來看，你做了一個非理性的抉擇，因爲 Robert 所得到的滿足單位比以前少。

因此，理性與否可以由計算個人主觀估計的成功可能性，與你對決策後果所給定的滿足單位數，加以衡量。在實驗室中（評論請參考 Bonoma and Johnston）與現實生活中我們發現，人們不用經過訓練，便是一個理性的決策者。也就是說，大部分的時間，直覺地做一些理性的抉擇。然而，基於許多原因，並不是每一個決策都是理性的。

偏離理性

其中有一個理由是，有時候我們就是沒有想到或無法知道所有的方案，以及我們的行動後果。Herbert Simon（1957）對決策者不完全資訊的這個現象曾有廣泛的論述，並提出滿意（satisficing）的觀念，做爲人們如何做決策的合理解釋。Simon說，因爲我們往往不會（或者無法）去搜尋所有可能的代替方案，因此，我們所做的是去尋找，直到我們找到一個能夠爲我們帶來滿意的價值的方案。當然，任何個人所稱的滿意，決定於過去的經驗（請參見比較水準，第七章）決定於其他的可行方案，也決定於其他的因素（如人格），（請參見可行方案的比較水準，第七章）。這裡基本的觀點是，人們往往不是去追求最大的利益，他們只是在全部抉擇方案的範圍內，追求自己的滿足。這並不是非理性的決策，它在考慮過的方案之範圍內仍是理性的。附帶一提的是，「滿意」這觀念指出，我們之中大部分的人，事實上是以下列兩種方式中的一種來做決策，我們所追尋的若不是⑴一個能夠提供好的（而不是最好的）結果的可行方案，便是⑵在有限的方案中，選擇最好的可行方案（通常是最熟悉或最明顯的），而沒有爲了探索所有的可能方案，而付出高額的成本。範例4－3提供了一個研究的例子，說明第三章所介紹的一些人格因素如何影響抉擇。

非理性決策的另一個理由是，我們往往會讓習慣風俗或傳統來爲我們做決策。習慣在基本上是藉著讓決策過程自動化，以避免抉擇的方法。每一個抽煙的人都知道，習慣並不都導致最佳的抉擇。風俗或傳統也是非理性決策的來源之一，爲了表示慷慨大方，而把你的車子借給別人使用，也許並不是你最好的抉擇，尤其是當你正要去參加一個重要的約會時。還有，回家渡節可能是一個牢不可破的傳統，但是，它可能只會讓每個人感到不愉快而已，但是，我們却都是習慣和傳統的動物。

有時候，我們在給予決策方案的可能性或滿足單位時，會發生錯誤。而最常犯的錯誤是根本沒有去衡鑑決策的後果與可能性，就衝動的採取行動。另有些時候，雖然我們謹愼地衡量各方案的價值，但手段上就是沒有足夠的資訊讓我們正確地加以預測。某些工作剛開始的時候，可能覺得很棒，但工作一星期之後，也許就不會這麼認爲了。

將我們學到有關抉擇的所有觀念結合在一起，我們可以提出一種改進決策效能的方法。這種輔助決策的方法（Bonoma, 1977）在引進新產品的決策，和個人決策都同樣有用。

範例4－3　信任與控制歸因是影響抉擇的人格因素

第三章介紹了兩種小型的人格理論——控制歸因理論與信任理論，第一種理論認爲，某些人總認爲運氣或命運控制著行動的結果（外控），而另一種人（內控）則認爲他們的抉擇大致上可以決定結果。信任理論認爲，人們對別人的話的信任程度有所不同，有些人非常信任他人，另有些人則不太信任別人的話。

Johnston 和 Bonoma（1979）透過學生對信任與控制歸因的測驗所做的回答，將學生區分爲高信任與低信任羣體，以及內控和外控羣體。他們要求學生回答幾個決策狀況，就像範例4－2所列示的一樣。他們預測，那些有高度信任水準以及那些外控型的人，在回答決策狀況的時候比較缺乏理性。

實驗結果證實了這個假設。高度信任的人在決策時的確比低度信任的人保守。那些相信自己能控制結果的人是理性的抉擇者，而那些把一切歸諸命運的人，則是非常保守沒有理性的決策者。

改進個人的決策效能

我們對於改進決策的建議非常簡單，它所根據的假設是，你對你的方案，以及其可能性與後果越明瞭，你將越是個有效的決策者。當決策重要到需要你全神貫注時，我們建議你遵循以下的步驟。

1. 畫一個決策樹（就如範例4-4一般）。略示出所要做的決策、方案（盡你所知）及所有你可能得到的結果。仔細地想想是否還有那些你沒有記下來的可行方案和結果。

2. 決定結果的價值或效用。也就是以－100到＋100之間的某一個滿足單位來表示（請參考範例4-1及4-2）。要記得刻度表上負的一端表示死亡，正的一端表示無上的幸福，而〇點則表示沒有差異。此外，滿足單位數表示你從決策結果所得到的物質上與精神上的滿足和不滿足。舉例來說，倘若你從決策中可以得到自我的報酬，那麼也將它考慮在內。

3.對連接決策與結果之間的可能性，都給定一個成功的機率，從零到十分之十。

4.將每一個你所估計的滿足單位數，與其相關的成功機率相乘，然後將這些加權值予以加總。

5.挑出具有最大正值或最小負值的方案。

6.當兩個或兩個以上的方案之加權值非常接近時，儘可能先不要做決策，而去採取某些行動（如搜集更多資訊、等待、聽取別人的意見等）。如此可以使這些方案分得更清楚，以便做出更多的決策。

我們要鼓勵上述最後一個原則，因為決策之所以成為困境，就是因為各方案所提供的滿足程度幾近相等的緣故。如果情況許可的話，我們應該利用這些困境資料，做為需要進一步資訊、研究，或者思考以便區分方案的指數。範例4-4列示了一份圖表以及空白的決策樹供你使用，如果你的方案超出我們提供的大小，它也可以很容易地加以延伸。

關於決策的一些研究結果

筆者之一最近完成一項長達七年的調查，研究使用上述方法（見範例4-2）的個人決策之

範例4～4決策技術摘要

1.問題敘述(列出所有可行方案與後果)

問題方案1.＿＿＿＿＿＿

可能後果：

1.＿＿＿＿＿＿

2.＿＿＿＿＿＿

3.＿＿＿＿＿＿

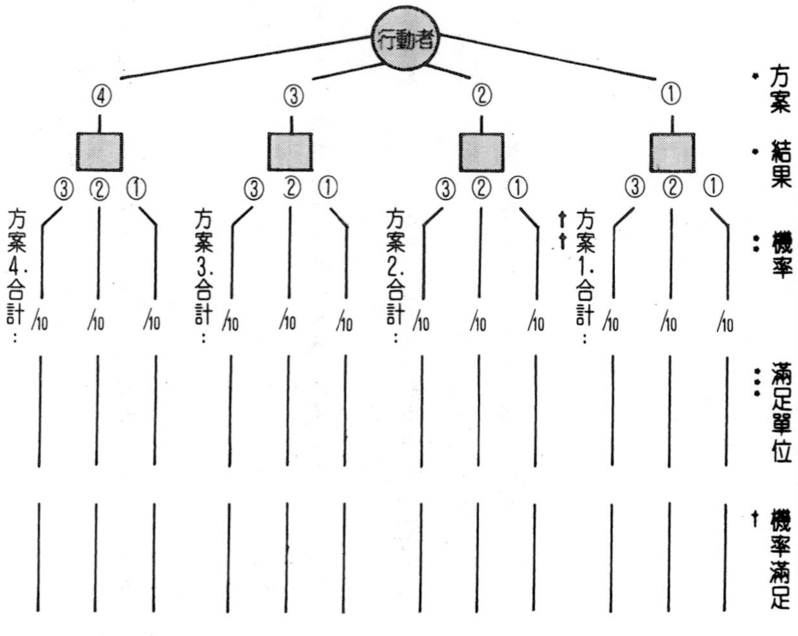

• 承前頁

•• 從 0/10 到 10/10

••• 從 −100 到 +100

† 將每一個結果的滿足單位數乘上機率

†† 每個方案的合計

方案2.
可能結果：
1. ____
2. ____
3. ____

方案3.
可能結果：
1. ____
2. ____
3. ____

方案4.
可能結果：
1. ____
2. ____
3. ____

2.將問題畫出

行動摘要	
方案	合計
1	____
2	____
3	____
4	____

●選出最大正値或最小負値，除非
●各方案的價値很接近，然後
●搜集更多的資訊或等待各方案分開
●重新畫圖。

影響因素。從對學生、管理者或其他人所做的八個實驗室實驗與場地實驗中，我們可以對決策做一些有趣的、摘要性的敍述：

1. 大多數人在沒有任何指示時，一般都會做決策以將可行方案所產生的收益極大化，損失極小化。也就是，他們的決策是理性的。

2. 然而有幾個個人的與問題的特徵會使決策偏離理性。例如：

● 當要求男性決策者以女性的觀點，對某問題做決策時，他們似乎無法勝任，同時往往做出糟糕（非理性）的抉擇。但當他們被要求以男性的地位來面對問題時，他們却沒有遭遇什麼困難。

● 相反的女性決策者，不管是以那一種性別角色來做決策，他們都能做成好的（合理的）決策。

● 某些人格特質（如高度信任與外控導向）似乎與非理性的決策有關（見範例4—3）。

● 在做一個非常重要的決策時（如買一幢房子），男性與女性似乎都比較依賴問題的價值面或效用面，而比較不依賴機率的資訊。在做不重要決策時（如午餐後吃不吃糖），他們似乎就比較注意決策問題的機率面。

3. 就女性不會受上述各種造成偏離理性的情況之影响，這一層意義來說，對所有的決策問題，女性是較佳的決策者。

除了這些研究結果所提供的資訊之外，我們在這裡爲個人決策所略述的適用模型。對管理者有著重要的行爲意義。就最廣泛的層面來看，在決策過程中，我們通常只去考慮所有可行方案中的一部分，並在這其中尋找最好的一個。然而即使在這個過程中，習慣、風俗與傳統也很容易就會使決策無法達到最佳，儘管如此，大多數的個人，雖然沒有經過訓練，似乎也會做出理性的決策，也就是說，將機率與行動結果之價值的乘積極大化的決策。人，一般來說，是相當好的決策者。

改進你的（或你的同事）決策最佳的方法是，用範例４－４所示的圖，將所有可能的決策困難全部考慮過。當然，困境之所以是困境正因爲以機率和價值來看，各個抉擇很可能非常接近，即便如此，決定明確地認清，寫下，並質疑你對各個決策所給定的機率與滿足單位數，往往會使困境的解決變得較爲容易，因爲它對決策要素做了再評價。

此外，研究的結果同時顯示，一些令人訝異的發現，以及一些理性決策易犯的錯誤。如果說古諺有關女人是非理性的說法不正確，你可能會感到有些訝異。女性的確是較佳的決策者（至少在決策需要從異性的角度來看時），有一個常犯的錯誤必須注意的是，某些人格的傾向很可能會導致次佳的決策，而在考慮中的決策問題之相對重要性可能會使你將注意力集中在某個決策元素上，或者，至少使你較不強調其他的決策元素。

羣體決策

假如個人決策是困難而複雜的，那麼羣體決策就更爲困難了。你不僅必須與你自己，你的錯誤，你的偏見，甚或你的習慣對抗，同時你也必須與其他人的相同因素對抗。除此之外，通常還要考慮社會的、情感的、羣體的影響或維持因素（請參見第七章及第十一章）。這些因素幾乎與實際決策本身一樣重要。我們將只簡略地討論一些最近的研究，這些研究提供一些如何隨著特定情境因素的不同，而改變決策方式的參考原則，然後我將繼續提出兩個模式，以改善那些你在羣體中所做的最佳決策（羣體決策在第九章和第十章有更詳盡的討論）。

總體決策（Corporate Decision Making）

到這裡爲止，我們一直把決策當做是與社會環境隔絕的獨立事件，對我們大部分的人來說，這往往並不是實際狀況。我們在組織裡面工作，在那裡有我們的上司和部屬，在那羣體和會議可能是主要的決策環境，在那裡，時間與雜事大大地影響著抉擇過程（包括決策方式與決策品質）。在往後的章節中，我們將會不只一次地回顧羣體決策這個主題。這一節，我們將簡略地敍述一些有關環境及其作用的基本觀念。

環境與決策方式　Victor Vroom 與 Philip Yetton（1973）對於你應該如何隨著情境或社會因素，修正你的決策方式，提供了一個主動而實用的模式。雖然他們的模式已經被當做是一種領導理論，但是它對於社會環境中的決策，有著極爲重要的含義。他們的研究一般而言都支持他們的模式。

他們首先指出：在一個公司或其他社會單位中做決策，增加了決策問題的複雜性。這些大都可以稱爲社會管理之複雜性。也就是那些源於他人的作用，而這些人受決策的本質、決策的方式，或者決策的作用之影響。Vroom 和 Yetton 將管理文獻加以整理，希望找出當決策者在管理環境中做抉擇時處理這些問題的可能方式，表 4－1 所示即爲決策的各種風格。

Vroom 與 Yetton 將決策的方式分成羣體方式與個人方式。但由於這兩者之間並沒有多大差別，所以我們只提出個人決策方式。基本上，決策者可以從下列三個中做選擇：(1)兩種專制的方式（AI與AII），(2)諮商式的方式（CI與CII），(3)羣體參與的方式（GII）。簡而言之，你可以利用部屬所提供的資訊，自己解決問題（AII）或者不用部屬的資訊，自己解決問題（AI）；你可以與羣體中的個人諮商（CI），或與羣體中的羣體諮商（CII），然後由你自己做最後的決定。或者，你可以與羣體分擔問題，並讓羣體來決策（GII）。

Vroom 和 Yetton 也和許多其他的人一樣（請參考第七章）認爲，沒有任何一種決策可以應用到所有的情況。他們提出了三個屬性：(1)決策的理性程度（或品質），(2)同事對抉擇的接受程

度，以及(3)決策所需時間的長短。在此我們很自然的就想到，過去的研究所發展出來的八個重要

表4—1　羣體與個人問題的決策方式

專制者—Ⅰ（AⅠ）你自己一人解決問題或做決策，利用此時你所擁有的資訊。

專制者—Ⅱ（AⅡ）你從你的部屬那裡得到必要的資訊，然後你自己決定問題的解決方案。在從部屬那兒獲得資訊時，你也許會，也許不會告訴他們問題是什麼。在做決策時，你的部屬所扮演的角色，很明顯的只是提供你一些必要的資訊而已，並不提供或者評估可行的解決方案。

諮商式—Ⅰ（CⅠ）你個別地與相關的部屬分擔問題，從他們那兒取得一些構想與建議。然後你做決定。這決策可能會也可能不會反映出部屬的影響。

諮商式—Ⅱ（CⅡ）你與一羣部屬分擔問題，獲取他們整體的構想與建議。然後你做決策。這決策也許會，也許不會反映出部屬的影響。

羣體——（GⅡ）你與一羣部屬分擔問題。你們一起提出並評估一些解決方案，並想辦法對解決方案達成協議（共識）。你的角色就好像是個主席，你不必去影響羣體，讓他們採用你的方案，你也願意去接受並實施，任何整個羣體所支持的解決方案。

資料來源：Adapted from *Leadership and Decision-Making* by Victor, R. Vroom and Philip, W. Yetton ©1973 by University of Pittsburgh Press. P.13

的問題屬性（表 4－2 ）。即使 Vroom 的方法並不完全適用於每一種決策問題，但每當你遭遇重要的問題時，它卻是一個極有價值的檢核表。

表 4－2　發生作用的問題屬性

1. 如果決策被接受，那要採取那一個方案有關係嗎？
2. 我是否有足夠的資訊做一個高品質的決策？
3. 部屬是否有產生高品質決策的其他資訊？
4. 我是否知道需要什麼資訊，誰擁有這資訊，以及如何去搜集？
5. 部屬接受決策的程度，對於實施的效能是否重要？
6. 假如我要自己做決策，我的部屬會接受嗎？
7. 從組織考慮來看部屬的解決方案可靠嗎？
8. 你所偏好的解決方案，會不會造成部屬間的衝突？

Source: Adapted from *Leadership and Decision-Making* by Victor R. Vroom and Philip W. Yetton © 1973 by University of Pittsburgh Press. P.31

最後，Vroom 和 Yetton 提出一套規則，將問題屬性與可能的決策方式配合起來。圖 4－4 用決策樹的方式將這些規則列示出來。至於分支末端的「結果」，請參考表 4－3，表中所列為 Vroom 和 Yetton 認為你在一個已知的問題情況下，所能採用的決策方式。例如圖 4－4 最上面的分支，決策者並不認為，其他人對他在這種情況下所做的任何決策之接受與否，對公司最終如何解決問題，會有什麼差別。因此，規則B、C和D並無關連。同時，假如部屬對決策的接受與否，不會影響此一方案的實施（規則E），那我們就到達終點，而有第一型問題，參閱一下表4—3，你就可以看到許多決策方式都適合這種類型。

當可接受的方式超過一種時，Vroom和Yetton建議使用另一套決策規則，以便在它們之間做一抉擇。例如，在其他所有條件相等時，或許你想要將花在解決問題的時間減為最小。那麼上例的A1便能滿足這項附加的規則，範例4—5所列示的是Vroom和Yetton的研究中的一個個案，它可以幫助你應用他們的方法。

範例4—5　油管埋設隊

你是一位總領班，負責帶領一羣人埋設油管，

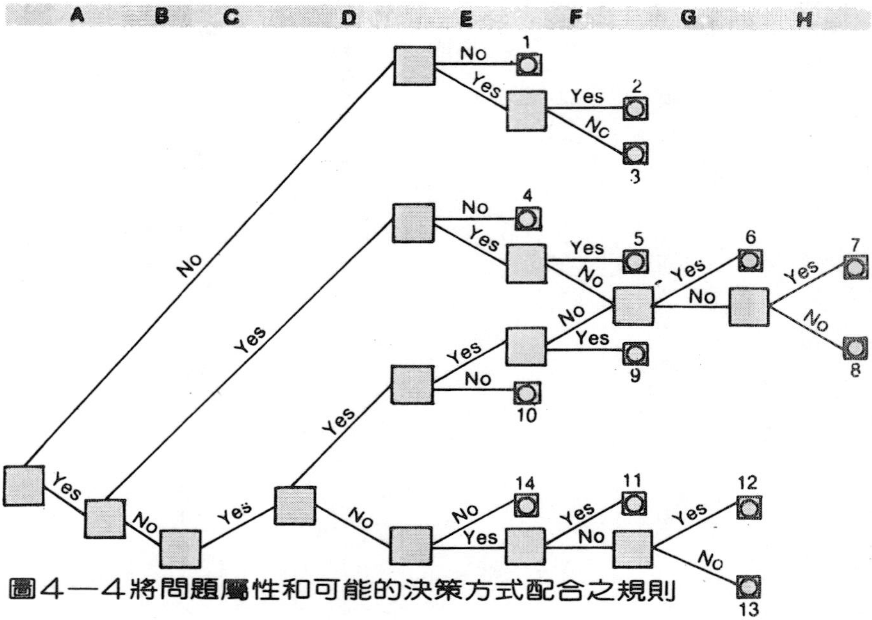

圖4—4將問題屬性和可能的決策方式配合之規則

爲了安排將物資送到下一個工作場所你必須預估你的工作進度。

你知道你所要經過的地形特質，而且你也有歷史資料去計算經過這類地形施工速率的平均值與變異數。有了這兩個變數，要計算運送下一個地點所需物資和支援設備的最早時刻及最遲時刻，就變得較爲單純了。你的估計合理與否非常重要，過低的估計會造成工頭與工人的閒置，而過高的估計，會造成物料在使用前堆積一段時間。

假如工程進度良好，計劃能夠提前完成，那麼你，其他五位工頭，以及除上其他人都可得到一大筆紅利。

分析

相關問題（見表4—2）——A（品質？）=Yes

B（領導者的資訊？）=Yes

E（接受？）=No

問題類型——4（見表4—3）

表4—3 問題類型和可行的決策方式

問題類型	可接受的方法
1	A1, A11, C1, C11, G11
2	A1, A11, C1, C11, G11
3	G11
4	A1, A11, C1, C11, G11*
5	A1, A11, C1, C11, G11*
6	G11
7	C11
8	C1, C11
9	A11, C1, C11, G11*
10	A11, C1, C11, G11*
11	C11, G11*
12	G11
13	C11
14	C11, G11*

※這方案只有當問題G的答案是Yes的時候，才能包括在可行方法中。

可行解集合—A1

A11,C1 C11,G11,

（見表4–3）

最低工人小時—A1

資料來源：Adapted from *Leadership and Decision-Making* by Victor R. Vroom and Philip W. Yetton © 1973 by University of Pittsburgh Press. P.41

不管你覺得 Vroom 的規則和決策方式，是不是一種適當的方法（第七章有另一種不同的模式，而第十章則對羣體中的決策有更多的討論），他們的確明白地指出，當決策牽涉到他人時，通常也會牽涉到一些我們在個人抉擇中不會遭遇到的複雜因素。本書剩餘的部分將更深入地探討這些社會因素。而本章最後提出一些其他的羣體決策模式，你可能會發現這些模式在處理組織的決策上是非常有用的。

Vroom 的理論基本上提醒管理者在他們做決策時，必須要考慮其他的問題：影響我如何做決策的社會效應（social effects）是什麼？而對決策本身的社會效應又是什麼呢？基於表 4 – 2 各問題的答案，要理出一些效應是可能的。例如：專制型的決策可能會降低部屬接受決策的機率，因此決策過程可能會和決策的結果交互影響。第三個問題是：我做決策的目標是什麼？這答案包含在表 4 – 3 所列的可行解集合中。舉例來說，假如你想要使花費在決策上的時間，減少至最少，那麼專制型的解決方案（在適合的情況下）也許對你來說是最佳的一個。但是，假如你要使決策獲得最大的接受程度（不論多少時間）那麼，諮商式甚或羣體的方式也許會比較好些。

在後面幾章中，我們還會對羣體決策及其細節加以詳細探討。像風險轉移（第九章）的現象，羣體和個人運作方式的一些基本差異（第十章），以及其他標準，都會影響羣體決策的方式。你應該將這段簡要的討論，當做是下列討論的標題，同時注意到我們都在社會環境中工作和生活。這些環境會使那些看起來只要回答「是」與「不是」的簡單事務，變得複雜得難以想像。重要的觀點是，我們的心思，並不像我們日常生活中所認爲的那麼單純，那麼實在。

摘要

如果你謹慎地在適當的時機運用我們所提供的模式與參考原則，那麼它們將會改進你的決策品質。當你在爲你的公司或在自己的事業中做重要的抉擇時，你對各種方法和模式的了解，可能會很有價值。在最後的分析中，只有你才知道你的決策好不好。然而，我們所提出的參考原則反映出，對於制定一些他們認爲是好的決策，還有那些東西是有用的。

參考書目

Bonoma, T.V. "Business Decision Making: Marketing Implications." In M.F. Kaplan and S. Schwartz (eds.), *Human Judgment and Decision Processes in Applied Settings*. New York: Academic Press, 1977.

Bonoma, T.V., and W.J. Johnston. "Consumer Decision Making Under Uncertainty." *Journal of Consumer Research* 6 (1979) : 177—191.

Bonoma, T.V., W.J. Johnston, and J. Costello. "The Social Psychology of Decisions Under Uncertainty." *Working Paper* # 319. University of Pittsburgh, Graduate School of Business, 1978.

Bonoma, T.V.,and D.P. Slevin. *Executive Survival Manual*. Boston, Mass. : CBI Publishing Co., Inc., 1978.

Gulick, L.H. "Notes on the Theory of Organization." In L.H. Gulick and L. Urwick (eds.),*Papers on the Science of Administration*. New York: Harper, 1973.

Johnston,W.J., and T.V. Bonoma. "Decisions Under Uncertainty I11 : Locus of Control and Trust." *Decision Sciences*, in press.

Kling,J.W.,and L.A. Riggs. *Woodworth and Schlosberg's Experimental Psychology*. New York: Holt,1971.

Lee,W.L. *Decision Theory and Human Behavior*. New York: Wiley,1971.

Mintzberg,H. *The Nature of Managerial Work*. New York: Harper,1973.

Rapaport,A. "Critique of Strategic Thinking." In Roger Fisher (ed.), *International Conflict and Behavioral Science*. New York: Basic Books,1964.

Savage,L.J. "Elicitation of Personal Probabilities and Expectations." *Journal of the American Statistical Association* 66 (1971): 783—801.

Simon,Herbert A. *Administrative Behavior*. New York: Macmillan,1957.

Vroom,Victor H., and Philip W. Yetton. *Leadership and Decision Making*. Pittsburgh: University of Pittsburgh Press,1973.

第五章　學習與問題解決

本章所講述的是有關兩個重要的人類及管理現象——學習與問題之解決，在此我們將兩者合併處理，因爲它們是密切相關的。每當我們解決一個問題時，我們都在學習，而學習本身也是一種問題的解決，一種在現實世界中尋找出因果關係的嚐試。

試考慮一位在異國海邊渡假的某先生之境遇：在路旁的咖啡店，他遇見了一位年輕漂亮的小姐，他向她輕言挑逗，而她也對他眉目傳情，當她走過他的桌子時，留下了一張小紙條，上面寫著一個外國調調的怪句子。

基於某些原因，他好奇地想知道紙條上寫的是什麼，他將這紙條拿給當地的官員，要求翻譯，這官員打開紙條，看了這個句子，便馬上將他攆了出去，並要求他離開這個城鎮。回家以後，他又將這紙條拿給一位高中的語言教師看，她看了之後非常生氣，又打了他一個巴掌，然後也把他攆出去了；到目前爲止，他已經冒犯了兩個人，但却還得不到別人的翻譯，這故事就這樣子進行者，到最後這位先生自殺了。沒有人告訴他這張紙條上寫的是什麼，每一次他想要別人翻譯時，得到的總是憤怒、惡意、侮辱，與排斥。

假若你有一張紙片，上頭寫著：

而你不能將它交給任何人，那麼你將如何解決這個問題呢！或許你已經做了某些假定，比方這些符號構成一個有意義的句子，同時這句子用的是一種奇怪的語言，你也許會認爲第一個字母（由於所處位置的緣故）代表「A」或「I」。如果是英文的話，最後一個字，可能會是「Kolbar」或「caribou」甚或「cowboy」。

然而假如你福至心靈的跑去查俄英字典，或在大學裏曾經修過俄文課，或者你恰好是斯拉夫後裔，那麼這個謎，對你就不再是個謎了。你將會明白，這個俄文句子，寫的是：「從你的裝束，我可以看得出來，你是個牛郎？」

雖然，我們無從知道故事中那位漂亮的小姐，在紙條上寫的是什麼，但我們從這男子的境遇，大約可以明白（如同解開那俄文句子一般），學習與問題解決是類似的。在你嚐試想要解開那個奇怪的句子時，你學到了許多重要的事情；你明白了除了你自己的字母之外，還有其他種字母，你明白了斯拉夫語的形式，你甚至知道了好幾個俄文的意思。問題之解決，都會涉及將問題內各種情況的片斷，加以創意性的重新組合，以產生新穎而有利的解決方式，從這個層面來看，問題之解決往往需要學習。

本章將首先講述學習是什麼？學習系統的要求有那些，其次，再說明四種人們（兒童或管理者）學習的主要途徑（pathways）。最後，我們再討論問題之解決及解決問題的方式。

學習

雖然我們一開始就指出學習與解決問題是類似的活動，但我們尚未說明到底什麼是學習？明白了什麼是學習，將有助於我們明瞭什麼是學習者，換句話說，在一個人、一隻老鼠，或一部機器能被稱爲是一個學習系統之前，它必須具備有那些基本的特徵呢？

學習是行爲的改變

當我們說某人學會了什麼，我們即是在斷定他由於增强作用的效果，使他的行爲跟原來有了相當程度的永久改變（Kimble,1961）。這個定義值得我們詳細的研究。

學習亦即是行爲的改變，由於我們無法直接的觀察學習，因此我們就從它對行爲的作用方面來探討。要注意，並非所有的行爲改變都是學習，比方說，疲倦會造成行爲的改變，但它不是學習，因爲休息之後這種行爲的改變立即消失；而只有相對持久的改變才可以稱爲學習。

學習也需要練習，我們必須將那些，因爲成熟或生理現象而產生的相對性持久的行爲改變，摒除在學習的範圍之外。例如：當一個孩童長大時，他可以從事於需要更多身體各部分協調的工作，因爲他的神經系統已經趨於完全。或者，我們都知道，人類的某些記憶會隨著年齡的增長而衰退（Bourne,1966）。上述的兩種情形都不能稱爲學習。

最後，學習不只需要練習，它還要增強或獎賞的行爲。因爲人類是自私自利的，是依照成本收益的原則來行動的（見第三章），所以我們將學習的永久性之行爲改變限定在受獎賞的行爲上。未受獎賞不能產生學習，它只會令我們疲倦（fatigue），或者使我們完全停止了這種反應（response）。而後者我們即稱之爲消弱（extinction）。

由此，我們說某人學會了某事，便是說：由於獎賞或處罰的結果，而使某人產生了相對持久的行爲修正（modification）。

很明顯的，並不是世界上每一件東西都具有學習的能力，而且，是否具備有學習的能力，也不是明確的界定在生物與非生物之間，因爲依照我們的認知而言，很可能有某些機器是具有學習能力的，同樣，似乎有一些生物，甚至是人，是沒有學習能力的。

Harold Leavitt在他的管理心理學（1972）中指出，要瞭解學習，我們不該只是去問它是由什麼組成的，我們還必需在一個個體（人類與否）能被稱爲是學習系統之前，建立起一套最低限度的特徵。而我們既然已經知道了什麼是學習，那麼要成爲一個學習者又應具備有那些要求呢？

學習者的特徵

圖5—1所示爲一個管理者（或機器人）修正他的行爲時所必須具備的特徵。基本上，爲了要學習，人需要有一個目標或期望狀態，一種衡量現實狀態及期望狀態的方法，一種影響現實的方法，以及一種取得這些行動所產生效果之資訊的方法。讓我們一一加以討論！

目標　學習需要一個目標，一個系統希望達成的狀態。沒有目標，任何行爲的修正便是隨意的，因爲他沒有預期的改變可以用來做比較。（嚴格說起來，學習者本身也許沒有任何終極目標，但另一個控制這學習者的人也許就有，例如：狗要博取人的歡心，人則要狗學會耍花招）。目標也許是很平凡，但卻不易達成，譬如按下橫桿即會供給食物

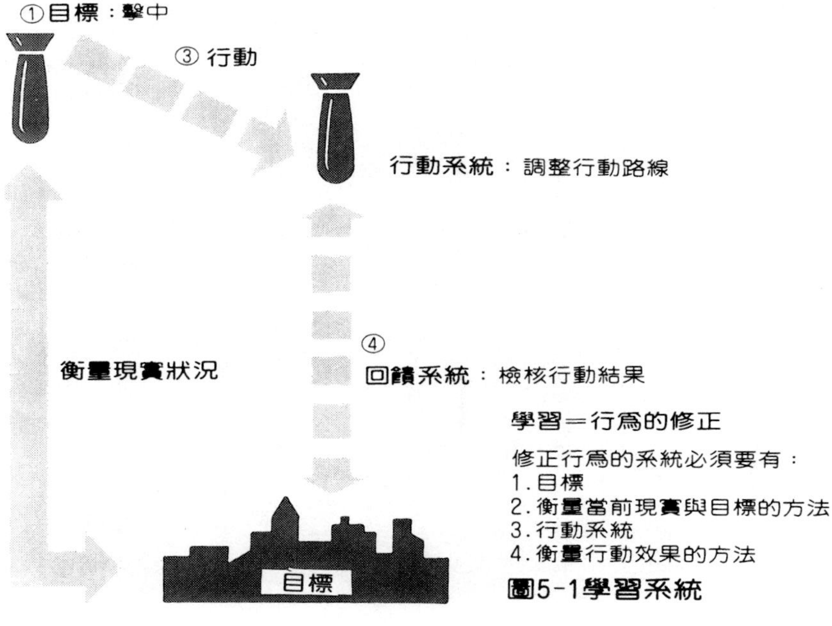

圖5-1學習系統

丸的實驗箱裏頭的老鼠，它期望的只是得到更多的食物。或者，這目標也可能極爲複雜，像你希望藉由獲得八大（Big Eight）會計公司之一的高薪職位，以得到名望與權力。無論如何，學習需要目標，有了目標，就提供了這有機體一個努力的動機與方向。目標及有向動機（directed motivation）在第二章及第三章討論得極爲詳細。

關於目標，有幾點必須注意一下，Bonoma 與 Slevin（1978,第十章）曾經指出，管理者經常將策略或活動（這是他們喜歡從事的）誤認爲是目標（這是用來指導他們的活動）。獲得高薪的職位，成爲副總裁，及登上研究所所長的高位，都只是策略或活動，而非目標。驅使這些行爲的目標可能是權力、贊許，或是其它直接的增强狀態。

衡量現實　學習系統的第二個主要要求是衡量實際情況的一些方法。亦即，除了有目標告訴我們希望到那裏去之外，我們還必須能夠知道我們現在在何處。就籠中老鼠的情況而言，飢餓告訴它們胃內的食物已經不夠了。而在管理訓練班之學員的例子中，若八大會計公司之一沒有開付支票給他，就表示他目前的狀況與目標已不太吻合了。現實衡量系統可能是單純的或是複雜的，直觀的（如個人成長）或是解析的（如數學模型）。

無論到那兒，我們總要能夠衡量我們現在所處的地方，與我們所希望到達的地方之間的距離，否則，我們將無法使我們的行爲有某種相當而持久的改變，來適應這種差距。

行動系統　第三，學習系統需要某些應對環境的行動方法，以改變自身與環境的關係，行動系統可能有許多種型態，例如：電腦印出一行行程式錯誤的代號，告訴使用者他犯了某些錯誤。而籠中老鼠的例子裏，行動系統是老鼠的身體本身，藉著它，這老鼠在籠裏到處移動，最後他擊中了橫桿而獲得了食物。前述那位頗有前途的管理訓練學員的相關行動系統，則可能包括將履歷表寄給所有的八大會計公司、夏季期間留在其中的一家公司，或前去參加會計協會的會議等。

衡量行動效果　最後，任何學習系統都需要某些方法來衡量行動對現實所造成的效果，衡量吾人對現實的改變狀態所做行動的效果，這個概念稱為回饋（feedback）。管理者（或其他任何種類的學習系統）需要一個回饋次系統來衡量它對目標的進展。就這老鼠而言，飢餓感的減輕就夠了。就管理訓練學員而言，他的行動效果（有利的履歷表回覆及面談邀請）很可能會公佈在公司公佈欄或只是記在腦海中。在所有的情況下，學習系統需要某些衡量有關朝向目標邁進的行為之方法。

圖解與說明

圖５－１中的底下部分，說明了非人的學習系統，所謂的精靈的（smart），或電視導向的炸彈。這儀器的鼻尖上裝了電視攝影機或其他感應儀器，這樣，人類操作者便可以監視炸彈對目標的進展。本例的目標只是擊中目標，當然，目標並不包括在炸彈裏頭，而是記憶在操作者的腦海中。假定（我們已經做了這樣的假定）炸彈最初並不在目標之上，這可以從現實的衡量看出來，假若沒有任何方向的修正，這炸彈落下後並無法擊中目標。圖５－１的第三點指出炸彈的指向已經調整，以使其能將方向調至目標上方。指向的控制儀器即為炸彈的行動系統，一種作用在現實狀況與期望狀況之間偏差的方法。操作者透過攝影機的裝置，繼續觀察以取得他如何改變炸彈方向

的回饋。當炸彈在目標的正上方時，操作員收到這項資訊後，便不再修正炸彈的方向，因此，它就擊中了目標。

圖5－2所示亦爲這些相同的學習系統之基本特徵，一位中級管理訓練之學員，其主要目標爲在公司中成爲舉足輕重的人物，亦即成爲一個有權力的經理人員。他達成目標的策略是成爲一位公司新式會計系統的專家，在此只有另一個人被認爲是這方面的專家。他覺得，成爲第二個專家會使他在公司中顯得出衆，同時會導致升遷，以達成他所欲求的權力。因此，他的目標是去精通新式會計系統，而我們這位學員爲了達成此一期望狀態，所決定從事的行動是，與這位會計專家密切地一起工作，並在工作完畢後開始努力地研讀新式會計系統。對於他的進展之回饋，可以立即由其所習得之新技能對系統的試用，及他的專家同事偶爾的批評中得來。

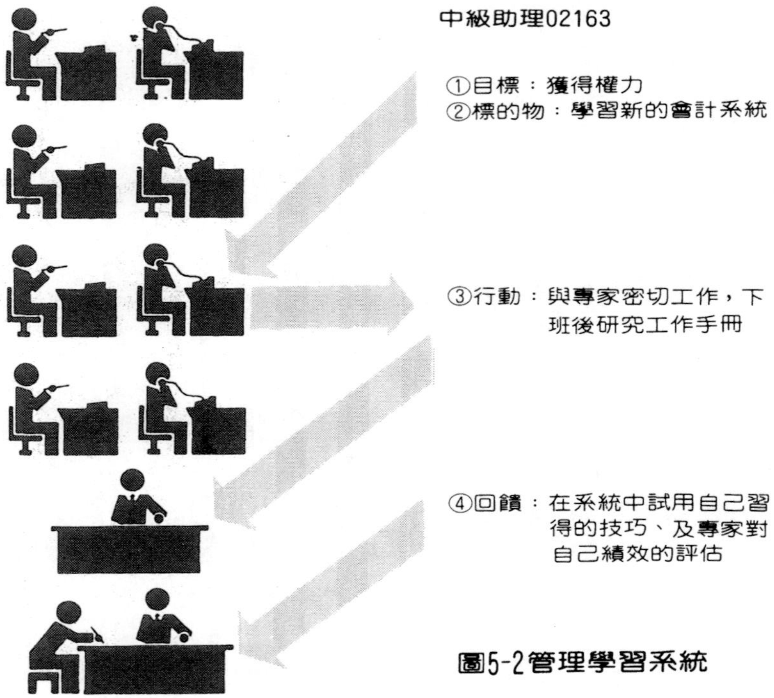

圖5-2管理學習系統

當然人類並非炸彈，他們並不需要在鼻尖上裝上一部攝影機，或是需要一位操作員才能學習。他們的行動系統並非可以隨意其指向的，同時，回饋通常也不是以其與目標的距離幾公尺來決定，然而在所有的狀況之中，這兩種系統都有目標，都有衡量系統、行動系統、也都有回饋系統。

上面有關學習與學習系統之基本條件之概述，使我們能夠找出一些促進學習過程的初步規則，雖然，這些規則需要廣泛而進一步的加以修正，但是這些初步規則却導出一張可提供參考的檢核表，不論你是將它運用到自己與自己的管理技能之學習過程，或者，你將它運用到其他你必須負責其學習之衡量者身上。範例5－1以問句的型式，提供了這些通則。

範例5—1促進學習過程的條件

1. 你是否在尋求具有相當時效的行爲改變？
2. 有練習或心理複習的機會嗎？
3. 獎賞足夠嗎？
4. 你想要的期望目標狀態或改變，究竟爲何？切勿混淆活動與目標。
5. 現實狀況爲何？明確地指出。
6. 採取了什麼行動？明確地詳述之。

7.是否有方便的回饋系統回報行動的效果？

初步檢核表

假若這個系統的一個部分或好幾個部分（如範例5－1所列清單）遺漏了，那麼它在管理上的意義爲何呢？分析學習問題，似乎可以將其分別爲兩類：其一爲學習者的不足，其二爲環境的不足。檢核表上的四、五、六點，通常是落在學習者的不足這一類，而一、二、三及七則往往是屬於環境的不足這一類，然而由於重疊的緣故，要分析遺漏因素是由何種不足所造成的，却並不容易。假若學習者沒有目標，我們也許就會去處理動機問題（見第三章）。然而也很可能管理當局並沒有提供任何動機性的機會給員工，幫助其訂正切合實際的目標。或者，如第三點所指出來的，獎賞的不足，通常即指出誘因的短絀，但這可能會在某些特殊的事例中被偵測出來，如工人們的期望不切實際。在任何情況下要決定，到底不足的來源是管理當局或學習者，完全得由你決定，然而要達成有效的學習，上述各點都必須完全滿足。

人類不像其他的學習系統，他可以透過至少四種不同的途徑來追求行爲的修正（Kimble,1961）。在此，我們將依照它們修正行爲之頻度的遞減次序而加以討論。

四個主要的學習途徑

操作（工具）制約（Operant Conditioning）

操作（工具）制約心理學乃由 Edward Thorndike（1911）首先提出，他將一隻飢餓的貓放在一只箱子裏，在此，它只要壓下橫桿就可以逃脫，在這貓出來之後，就給它食物。Thorndike 發現起初這貓的行爲，只是一種嚐試錯誤（trial and error）的方式，但隨著反覆的嚐試，錯誤很快地就減少了。「這隻貓雖然無法像一個有理性的人類，那樣迅速地去解決問題，但它終究也解決了這個問題」（Skinner,1963）。Thorndike 解釋這隻貓開籠的行爲，是被緊跟其後的獎賞行爲所建立起來的，這裏的報酬是食物，因此他提出了效果律（law of effect）：**「行爲後面所跟隨的，若是令人愉快或滿足的情況，那麼未來這行爲很可能會重覆發生，若所跟隨的是令人不快或不滿足的情況，那麼未來這行爲就較不會重覆的發生。」**因爲 Thorndike 的研究，便誕生了操作制約心理學。心理學家 B.F. Skinner（1963）以及其他學者，接受了他的觀點，並將它發揚光大（如見 Skinner,1969）。範例 5－2 所示爲 Wall Street Journal 最近在其前頁所做的報導，敘述操作制約如何有效地應用在動物的表演訓練上。

操作制約是人類學習的一個主要動力，它對解釋人類學習過程的主要貢獻是，讓我們明白人類行動後，所得到的正面或負面的結果，是解釋他們爲什麼如此行動的主要領域。它提供我們一個極爲新穎的說法，讓我們瞭解行爲的原因，我們不該太過看重行爲（刺激）所處之環境對產生此一行爲的作用，我們應該注意的是行爲之後所發生的情況（增强物），它抵制或鼓勵未來類似行爲的發生。操作制約告訴我們，年輕的管理者在幕僚會議上多嘴多舌是因爲從前上級曾經誇讚他在會議中的表現，另一個與其類似但却受到批評的人將會有極爲不同的行爲。這兩個人又從而跟第三個喜愛說話、期望得到獎賞而却又得不到任何反應的學員，有著完全不同的行爲，圖5－3以一範例來說明操作制約的變化。

範例5—2溫泉市的雞能玩樸克牌

那兒的訓練中心，幾乎能訓練動物做任何事：

如何獎勵青魚（Beth Nissen）

阿肯色州的溫泉市—他刻意地走到台上，走向

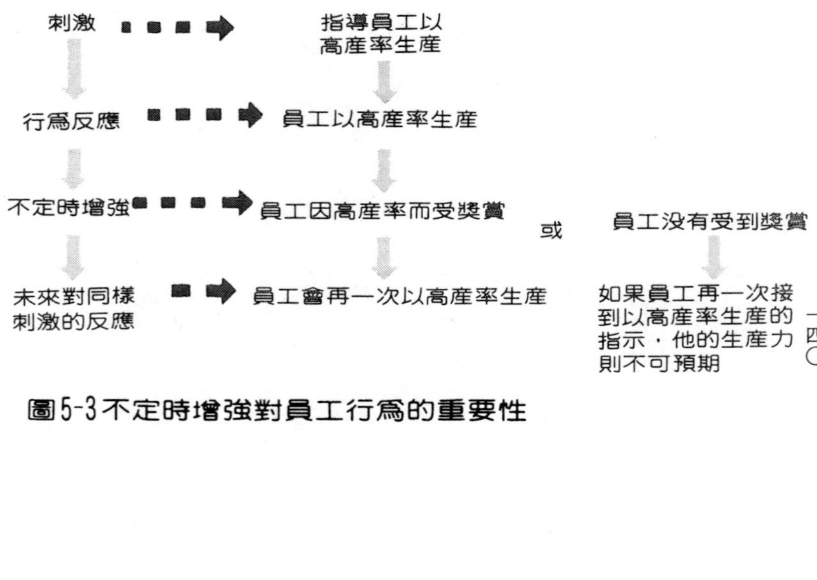
刺激
指導員工以高產率生產
行爲反應
員工以高產率生產
不定時增強
員工因高產率而受獎賞
或
員工沒有受到獎賞
未來對同樣刺激的反應
員工會再一次以高產率生產
如果員工再一次接到以高產率生產的指示，他的生產力則不可預期

圖5-3不定時增強對員工行爲的重要性

他那閃閃發光的鋼琴，他擺了擺他那白色的尾巴，彈了一串急促的樂聲，然後將頭往後埋入雙翼之中，期待觀衆的喝采。

他事實上是一隻鴨——在此受到動物行爲企業公司的訓練，這是一個由生物學家及專家所組成的組織。他們能以行爲修正控制大至鯨魚，小至蟑螂的行動。

這家公司位於阿肯色州中部，一個方圓二十五英畝的沙雜農莊。在這裏，鸚鵡穿溜冰鞋，浣熊打籃球，松鼠跑轉輪，雞也會拿紙牌玩把戲。「我們可以訓練任何動物，在它們的體能範圍內做任何事。」Marian Breland Bailey 說。她與已故的丈夫 Keller Breland 在1947年共同創立了這家動物行爲企業公司。

快速增强

美國人類學會所認可的動物行爲訓練技巧，利用立即的正增强作用來强化，並進而控制動物一部分自然而隨機的行爲。假若增强的一致，那麼期望的行爲就很可能一再地重覆發生，而且頻度也會愈來愈高，最後終於能夠完全聽從指揮。

爲了證明這技術是多麼的簡明，Bailey 女士就讓記者訓練一隻雞，這是動物行爲企業公司最常用來訓練的動物。Bailay 女士說：「如果你能訓練雞，那你就能訓練任何東西」。

我（記者）所要教的是一隻普通曬穀場上的母雞，要讓它拾起一張做有黑點記號的撲克牌。我手中則握有一個按鈕，這個按鈕與一套自動餵食器相連，當我壓下時，就是一聲悶響，一把穀粒會立即落在食盤上。最初，這隻雞是被制約著一聽到響聲，就跑向食盤吃穀粒。

「在訓練之初，即使是朝向期望行爲的嘗試，都該增强它。」Bailey 女士這樣指導著。這隻雞本來只是昂然地走著，後來它注意到我所拿的三張牌，這時我馬上「砰」的一聲，增強它看對地方的行爲。它第二次嘗試時，走得更近了，它同時在我手上做探索式的啄拾，「砰」我增強它啄拾的行動。只要它啄拾一張牌，任何一張，我就再「砰」的一聲，增強它正確的行動。

此後，只有在當這隻雞啄拾做了記號的牌時，才增強它，兩個小時之後，這隻雞便能正確無誤地啄拾做有記號的撲克牌了。

寵物與蜜語

動物一旦受過訓練，就永遠不會忘記正確的反應。「即使你將白乖（那隻會彈鋼琴的鴨）與鋼琴隔離兩年，它仍然會記得怎麼做，」Bailey 女士說，「畢竟，在鴨子的一生中，並沒有許多鋼琴呀！」

大部分的動物都是以食物來增強，因爲飢餓是最易處理的自然驅力。（動物從沒有饑荒了的時候，用做獎賞的食物，只是它們日常理性的一部分）。較高等的動物，像狗與馬對社會增強（如輕拍、擁抱，與溫柔的語調）會有反應；這公司的訓練人員在訓練蟑螂拉一槓桿時，甚至用黑暗來做爲增強物。應用有關不同族類的知識以及它們的習性（如蟑螂喜愛黑暗）是 Breland 夫婦對此一成功的訓練技術之貢獻。他們同時也引用 Pavlov（以其流口水的狗創始制約——反射理論）和心理學家 Skinner 的制約反應研究。

如此，從操作制約得到最主要的教訓是：想要解釋任何行爲，先去看看此一行爲的後果爲何？假若你從來不去重視你的部屬，受挫折的職員們爲了吸引你的注意力，就請了幾天病假，結果你竟也因而注意到他了（即使是負面的注意與批評），這無異是鼓勵他請假。然而假使你只是告訴你的同僚，你實在很需要部屬對某問題的投入，但仍然繼續忽視或排拒他們的建議，這種懲戒作用將比你的話更爲有用。

雖然這裏我們無法詳細討論獎賞與懲罰（見第九章），甚或無法詳述各種獎賞與懲罰的作用，但是我們可以從操作制約四十年的研究中（見 Skinner,1967），提供你一些也許對你的管理行爲有所幫助的指導方針。

持續與部分增强　一項極爲重要的發現指出（Kimble, 1961）接受間斷增强的行爲（一旦我們習得此一行爲），比連續增强對我們的作用還要强烈。假如你只是在他做了三、四或五次極佳的工作之後才誇讚他，那要比每次稱讚他小小的功勞，還要能敎他努力、持久、有效率地工作。尤其當你的稱讚因某些理由而間斷時，那些一直受到誇讚的部屬將會很快地停止工作，因爲他的獎賞忽然間消逝無踪了。然而只間歇地得到誇讚的部屬就會繼續工作，甚至會加緊努力工作，希望重新獲得誇讚。同樣的，這種現象亦可能發生在一家有財務困難的公司中。爲著財務上困窘的情況，這家公司必須取消員工們所預期如往常一樣（持續增强）的加薪。那些突然間發覺自己應當加薪的機會被剝奪的員工，可能會產生較大的反感。

當然，爲了戒除或者養成某些行爲，而將獎賞與懲罰和這些行爲分離，也是有其限度的。當增强行爲過於間歇，則學習者對於什麼受賞什麼受罰將不夠明確；又當行動與結果之間的連鎖有一令人不快的鴻溝時，學習都會受到阻礙。範例5－3裏嚴厲地批評一些公司的主要績效評估系統，並認爲它是很糟糕的學習工具。

範例5－3績效評估的困擾

雖然績效評估是管理最常用的「獎賞系統」，但它也是管理的行爲修正系統中最沒有效果的一個，假如Skinner box中的老鼠，壓下橫桿後，過了五秒鐘，你才供給它食物丸，那將會有什麼結果呢？不錯！毫無效果。獎賞在時間上必須與期望行爲緊接在一起，這樣，低等動物才能學習，由於人類能夠做認知性的連接，因此這種連繫可以不必這樣直接，但是基本原則仍然一樣。

爲了說明績效評估的困難，試考慮此一問題：欲使一隻老鼠從房中的一個角落，循著一條狹隘的預定路線走到另一個角落。針對這個問題，我們可以有兩個方法，我們可以利用工具制約的方法，使用一大把小食物丸和一根小木棍，當老鼠走對了方向時，我們就施予增强物（小食物丸），當它偏離了方向，我們就輕拍木棍薄施懲戒。或者我們可以利用績效評估方式，使用一團大食物丸（將它置於屋子的盡頭），以及一根棒球棍，這隻老鼠只有在它完成了整條路線，才能得到那食物丸；而如果它偏離路線太遠，我們就用木棍砸它。這就是爲什麼績效評估行不通，而每次的教導改正却能發揮其功效的原因。

還記得上一次你的上司對你所做的績效評估嗎？你的心中是否感到憤憤不平？還記得上一次你對你的部屬所做的績效評估嗎？你是否感到奇怪，爲什麼當時你不是一個更好的諮詢對象？如果上述問題的答案是肯定的，不用感到驚訝，績效評估的過程根本就行不通，因爲它對於行爲的假設，完全錯了！

績效評估有下列幾個典型的問題：

1.它對人類的整體特徵，也加以評估。試問：如果你在「智慧」，「自主性」，「進取心」，「理性」或「判斷力」各項的得分很低，你會怎麼樣？

2.獎賞並非即時的。如果在老鼠壓下橫桿五秒鐘之後，你才施予食物丸，那麼你便無法教它做任何事，沒有學習會發生，當人們做某些事做得很好時，他們應該立即受到增强，而不是六個月或十二個月之後。

3.批評是在懲罰，並不能改變行爲，批評的結果是，員工在心理上築起一道自我防衛的陣線，拒絕接受批評，一些有關奇異電子公司的研究報告指出：超過一半的批評，員工的反應是自我防衛，而只有不到八個百分比，能獲得建設性的反應。

儘管如此，每一個公司却都有一套績效評估系統，因此，身爲一個實際運作的管理者，你應該怎麼做呢？我們有如下的建議：

- 每天對員工加以教導改正。
- 績效評估時少一點批評；批評沒什麼用！
- 如果你一定要批評，那麼將你的批評集中在特定的行爲之上，絕對不要說：「你缺乏動力」，你的部屬聽了這句話能有什麼改善呢？倒不如這樣說：「在 Acme 的計劃中，如果你負起責任，打電話給 Henry，你也許不用修正行動就可以解決問題。」絕對不要用一些空泛的詞彙，儘可能針對行爲來做批評。
- 將精神集中在客觀環境，而非一昧批評過去，顯然績效評估行不通，但目標管理有時確能發揮作用。

source: Adapted from T.V. Bonoma and D.P. Slevin, Executive Survival Manual, CBI Publishing Co., Inc., 51 Sleeper St., Boston, MA 02210,1978（PP,73–74）.Reprinted With Permission.

形成　第二個重要的發現，可能對你的工作行爲頗有幫助。那就是：複雜的學習工作，可以透過形成（shaping）技術，以分段的方式來達成。形成技術認爲，對一個從未做過某一工作的人，我們不能期望他對此一工作能夠完美——有如專家一樣的績效。形成技術建議我們，爲了讓我們的部屬與同僚達成我們所期望的績效，我們應該利用循序漸進的趨進法。（Skinner,1963）

比方說，假若你有一位秘書，總是在九點鐘以後才跚跚來遲，那麼利用形成技術來糾正此一行爲的做法如下：她第一次比平常的九點鐘早五分鐘來上班時，你就該誇獎她早到，同時，向她解釋八點鐘開始工作的必要性，但不要批評。接下來幾天，把標準稍微定的嚴格一些，除非她八點四十五分到，否則不誇獎她；並再一次向她說明她八點鐘準時上班的必要。然後，除非八點三十分到達辦公室，否則不予誇獎，重覆此一步驟，直到她準時上班爲止。

獎賞與懲罰　一般而言，獎賞比懲罰更能促進行爲改變的持久性（Ring and Kelly,1961）。因爲懲罰只能鼓勵學習者找藉口，另外它需要一個監視系統，同時，它本身並不帶有任何關於你要學習者修正的是什麼之資訊（它們只告訴你什麼是錯的），當學習本身是目標時，懲罰通常比報酬來得沒有效力。當然，這也有例外，第九章將對此一專題詳加論述。

類化與辨別　通常（值得慶幸的，我們大部分也都這樣）我們已經學習到的，多半能夠將其擴展到許多類似但不相同的情況中，這種從過去經驗學習的現象，叫做類化（Generalization），它可以解釋爲何在許多情況下，我們能夠快速學習的原因。假若你的部屬知道如何撰寫週報，那麼他學習撰寫月報，甚或年度計劃，所需的時間也會減少。通常兩件工作愈爲類似，愈可能有「先前訓練的轉移。」（see Kimble,1961）。

類化的相反叫做辨別（discrimination），亦即找出環境中複雜的差異，並分別對它們採取不同的反應。在雛尚未長成之前，我們大部分人都無法分辨公雞與母雞，但在孵卵所有一羣拿高薪的人們——我們叫他們小雞性別鑑定師（chicken sexer），却能根據微妙的線索，毫無錯誤的鑑別出小雞的性別，特別微妙的辨別（超越人類感覺器官的極限）可以透過適當的獎賞與懲罰，制約而得。

消弱（extinction）　當我們在談論學習時，往往反學習（unlearnling）才是我們眞正的目的，我們希望革除不當的行爲，例如要革除某公共關係經理在每個句子後加一個「OK?」的壞習慣，因爲他這樣會同時擾亂其聽衆，因而無法說服他們。或者，我們所關心的也許是我們所引起的行爲改變之相對持久性——假若我們的獎賞停止，這行爲改變能持續多久呢？上述兩種情況，我們所關心的都是消弱的現象，或者是未增强之作用。

可以想見的，未增强之作用削弱了意欲反應的傾向，一段時間之後，通常會造成他不再反應。如此，高度工作生產力的員工，倘若沒有受到增强，就會趨向於降低他們的績效至最低點，或者造成組織缺勤的問題。儘管如此，消弱的作用並非對所有工作都是一樣的，事實上，當缺乏增强時，個人的反應就與受訓時增强的時序安排很有關係。

如前所述，要消除經由部分增强學習而來的行爲，比經由連續增强學習得來的行爲要難得多了，這是因爲使用部分增强學習的人，當不再受到獎賞時，仍會認爲獎賞可能很快就會到來；然而使用連續增强時，隨後的消弱訓練，便使增强物的欠缺顯得極爲明顯。由於大部分的管理行爲（聽電話、上班、努力工作以求獎賞等等）只是部分增强（當我們拿起電話筒時，也許是我們的上司告訴我們升遷的消息），它們多半對消弱均是抗拒的。很不巧，這對那些不當的行爲也是如此，例如績效不佳、缺勤、酗酒。在許多公司，績效只要不太糟糕，都不會受到懲罰，甚至可能會因加薪而受到獎賞。有一所大學就給予其績效最佳者百分之十的加薪，而最糟糕的也能得到百分之五的加薪。在這些情況下，消弱幾乎是不可能的。

此外，某些行爲由於在訓練時是以一種令其極端厭惡的後果而迫令其順從，因此這種行爲幾乎不可能革除掉。例如一位新任的管理者，早年由於許多因素的交互影響，使得他只要表明自己的想法，就會受到嘲弄或批評，這令他變得害羞，異常沈默。雖然這種情況可能是發生在高中時期，但是這位管理者很可能還是不敢參與羣體討論，即使（懲罰）增强物已經不存在，而且早已消失好幾年了。由於這位管理者已經學會不去發表意見、構想，以及其他參與性的行爲，所以他不會再去試驗是否參與行爲的處罰還存在環境裏頭，這種革除行爲的困難稱爲逃避訓練（avoidance training），它是那些想要革除某些不良行爲的人所面臨的眞正問題。

操作制約的個案研究　操作制約原則在古典管理學的應用，可由艾瑪莉（Emery）空運公司的個案報告加以說明（see Luthans and Kreitner,1975）。艾瑪莉公司進行了一項詳細的績效查核，試圖找出對公司利潤有最大影響力的少數工作行爲。結果顯示，公司獲利率的一項重要指標是裝運貨物的容器在放上飛機時，充實的程度。管理當局已經花費了許多時間和金錢來訓練管理者與工人，在寄運之前，儘量把這容器塞滿。就因爲此一努力，某一問卷調查指出，管理當局和工人都相信這容器百分之九十均已達到完全利用的地步，然而，稽核人員發現，即使在所有的標準訓練研究會完畢之後，容器的利用率仍然只有百分之四十五。

艾瑪莉公司簡明而獨特的操作制約方法如下：提供每一位工人一個回饋與正面增強的計劃，每一個工人手邊都保有一張檢核表，記錄他們自己的容器利用率，如此，他們便能⑴知道自己的比率如何？⑵隨著時間追踪此一比率的變化，此外，管理當局接到一份手冊，內容包含一些有關獎賞的建議，這裏頭有超過一百種的增強行爲之建議，它們都可以用來獎賞較高的利用率，這些建議從請喝咖啡到言語的誇讚，不一而足。此一計劃的結果是：第一年節省了五十二萬美元，三年之間總共節省了二百萬美元，正如 Luthans 與 Kreitner 所指出的：「下層階級的成果是不容忽視的。」（Luthans and Kreitner,1975,P.68）

第二個案件是由 Robert Oteman 博士所提出（in Luthans and Kreitner,1975），這是一家中型工廠，其生產工人參與一項操作制約的計劃，以改變與績效有關的行爲，如工件完整性、缺勤、拒收率等等，這個個案有趣的地方是：由管理者與工人組成的控制組（或比較組，這樣操作制約組的結果才可以比較），其年齡、教育、經歷，及其它未在此一計劃考慮之變數，均與第一組

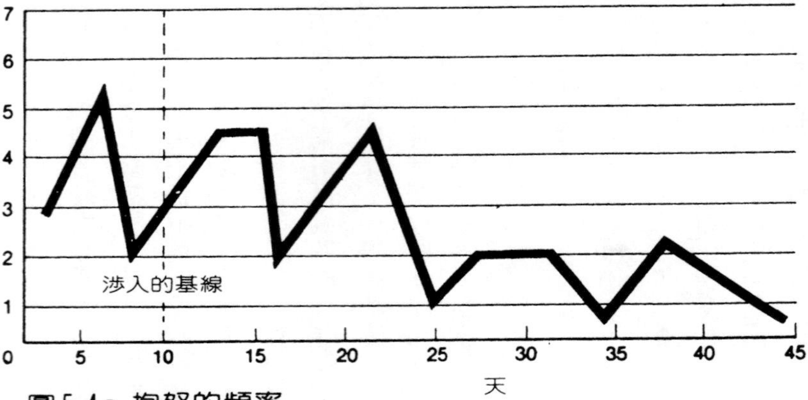

圖5-4a 抱怨的頻率

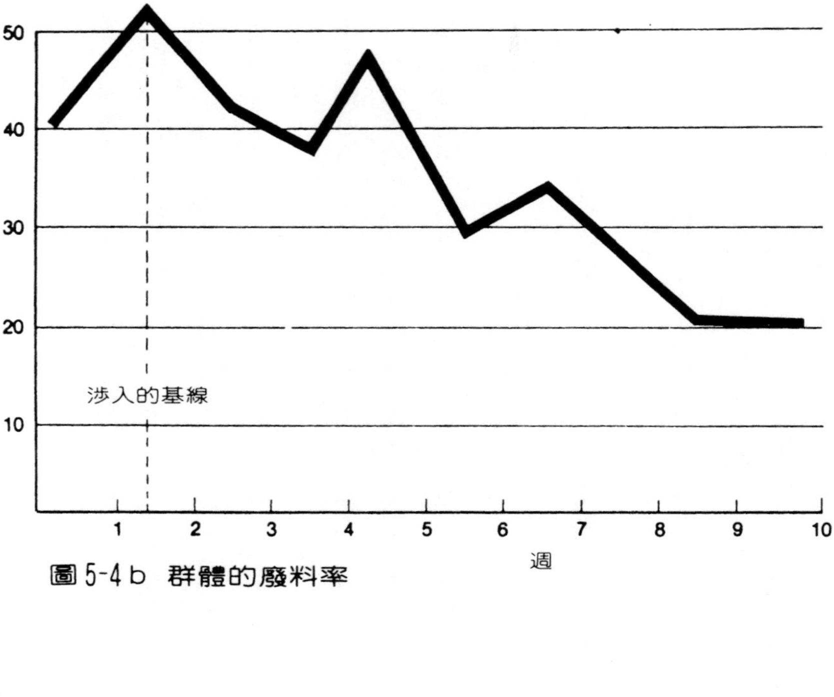

圖5-4b 群體的廢料率

相類似。領班們受訓十週，訓練其分辨及解決 Skinner 研究中之行爲問題。然後，領班本身進入工廠現場將其計劃付諸實施。

圖５－４ａ和ｂ所示爲某兩位領班的記事本上頭所記錄的說明圖，第一位領班想要有效地處理某一牢騷滿腹的機器操作工，他經常向這位領班抱怨生產標準的問題。同時，這個操作工似乎也對其同事的生產力有不良的影響。這位領班在十天之內蒐集了有關抱怨行爲的基本資料，他小心翼翼的儘量不在那期間之內有任何新的增强。然後，他運用了一組消弱正面增强的行爲改變策略，在此，抱怨的行爲所得到的回報是領班的漠視，建設性的建議則受到誇讚的增强。在一個月之內，這位領班得到了滿意的結果（見圖５—４ａ）。

另一位領班希望能夠減少生產的廢料率（在生產過程中所損毀的原料數量），這是一個羣體績效問題。在得到兩個星期的基本資料之後，這位領班決定要安置一個回饋系統來向羣體報告其廢料率，並在每一個人都看到的地方貼上一張廢料比率圖；這位領班同時也鼓勵工人們儘量提出有關如何減低廢料率的建議，然後他再將這些建議付諸實施。雖然這樣前後一共花了大約三個月的時間，但是結果也令人十分滿意。（見圖５－４ｂ）

總括來看，實驗組（生產員工）在計劃執行的幾個月中，表現得要比控制組（管理者）好得多，在此，績效的好壞是以每一個小時的效果來衡量。平均而言，實驗組（操作制約組）有百分之九十的效果，而控制組在實際的過程中則只能有百分之八十的效果。如此，操作制約好像對那些使用它的原則的人，提供了極大的助益。

由操作制約所得到的教訓　從操作制約的文獻中，我們可以得到許多管理的教訓。其中最重要且最適用的一項也許是：假若你想要明瞭你在管理環境裏，對別人的影響力，那麼請仔細研究，你爲他們的行動所提供的各種增強物。假如一位可厭的同事總指望你在訴怨會期間，同他在一起消磨時間，想一想，你是否已在獎賞這種你所希望避免的行爲呢？

這兒還有一些更爲明確的建議：

- 要記得行爲後的獎賞或懲罰，這兩樣刺激比行爲前的刺激，更能促成行爲的發生。
- 將增強物與你希望影響的行爲之發生，儘量保持時間上的緊密性，不要等到年終的時候才說：「你的態度很惡劣。」
- 保持行爲的明確，當你告訴我，你不喜歡我工作的方式時，我如何能夠有所改進？你不喜歡的是什麼？你會獎賞的是什麼行爲？用什麼增強物？
- 要記得部分增強的效力，類化、分辨、消弱與形成的教訓。

替代學習（Vicarious Learning）

或許你已經發現了操作制約學習的缺陷，你可能會說：「如果操作制約是我們學習的主要方式，我們怎麼能學到眞正的新東西？在我們能夠獎賞某一行動之前，某人不是必須得要先產生此一行爲嗎？」當然，操作制約說的提倡者會回答你說：形成技術可以使你從較複雜的行爲中，取出簡單的成分，重新組合後便會產生新行爲，如駕駛車輛。然而，你很可能是對的，假如一個人連一件工作的最基本部分都無法做，那我們就無法有效地加以制約（Bandura and Walters,1963）。這就是爲什麼第二種主要的學習途徑——替代學習或觀察學習（Bandura,1965）是如此的重要。

替代學習說告訴我們，我們不僅透過做事，然後受獎賞或懲罰而學習，我們也經由觀察別人做事而學習。我們在內心溫習著這些觀察到的行爲，並看看他們這樣做的結果是什麼？如此，替代（vicarious）學習這個詞是頗爲貼切的，因爲，雖然我們只是觀察別人受到獎賞或懲罰，我們仍舊可以從他們的情況得到學習的機會。你可以把替代學習看做是一種模倣的行爲。

人類是偉大的模倣著，模倣學習成功的原則大約與制約學習相同。亦即，當我們看到別人從事某一行爲，並看到他們因而受到獎賞，我們便很可能去做那所觀察到的行爲。當我們看到別人因從事某一行爲而受到懲罰，我們就比較不會去做此一行爲（Bandura and Walters,1963）。替代學習成功的另一項重要的條件似乎是：一個私底下溫習我們所觀察到的行爲之機會。這並不是我們要大聲的這樣做，或以戲劇的形式來進行，而是說我們有機會，在內心裏回顧其他人做了什麼？並決定當我們碰到這種場合時應該怎麼做。

雖然，替代學習在心理學的文獻中，不像操作制約那樣受到注意，但是你却萬萬不可以因爲如此，就認爲觀察學習是次要的學習途徑，而操作制約才是主要的。情況並不是這樣，在解釋我們如何學習時，替代學習的產生並不一定在操作制約之後，並且它與操作制約也只有些微之差。事實上，觀賞暴力電視節目的年輕小孩，所以會有狂熱的行動，是基於替代學習的原則而來的。

似乎有某些證據顯示，在既定有利的條件之下，觀看暴力也會蘊育暴力的企圖心（例見 Bandura,1965）。

就目前我們所知的，示範或模倣的力量尚未被研究過，也未被正式地在管理文獻中應用過而有其成效（例見 Hamner and Organ,1978）。如果就示範的正面效果，與許多心理實驗的結果（顯示由示範和觀察而學習複雜的技巧頗爲有效）來看，上述情況是極爲可惜的。例如 Bandura 指出，孩童可以透過觀察而學會瞭解語言結構、判斷的環境確認（judgment orientations），甚至如何延宕以求取滿足的行動等等複雜的技巧（Bandura,1965）。此外，有證據顯示，動物與人類也可以經由觀察某一模式，而忘却不受歡迎的行爲。試考慮訓練影片、示範，與其他觀察學習的裝置，在管理上應用的可能性。

古典制約（Classical Conditioning）

第三種學習的途徑與操作制約及替代學習均不相同，因爲，我們所從事的大部分行爲，它都是學習的次要途徑，又因爲，古典制約所處理的是不同種類的行爲，所以更促成了與其他兩者的不同。它只有在與生俱來，無法自主的反射行爲時才具有重要性。在此，我們將這些行爲歸於自主控制，將諸如恐懼與其他情感等等反應歸於自主的控制（voluntary control）即稱爲古典制約（見 Kimble,1961）。

你也許已經知道有關 Pavlov's dogs 的事了。狗在看到食物時天生就會有流口水的反應，但它們可以被訓練爲一聽到鈴聲就流口水。訓練的方法是：反覆的將鈴聲與食物伴隨著出現，如此，終於在食物與鈴聲之間造成相關，使得狗一聽到鈴聲就流口水。這是古典制約的精髓之處，雖然它不常運用在人類，但它卻是一項極有價值的學習途徑。圖5－5所示爲古典制約的一個簡明釋例。

前面我們所討論操作制約的一些現象，也在古典制約中發生。類化（將已習得之行爲反應，擴展至類似的狀況）與分辨（discrimination）可在古典制約訓練中引發。Ivan Pavlov（1849—1936）甚至藉著先讓狗分辨圓與橢圓的不同，分辨有誤，即施以電擊，然後逐漸使橢圓趨近於圓，利用這種訓練方式來造成狗的功能性精神分裂（functional schizophrenia）。當橢圓與圓看起來幾乎完全相同時，狗再也沒有辦法區別它們，因此就表現出攻擊性，拒絕再進入實驗裝置，並

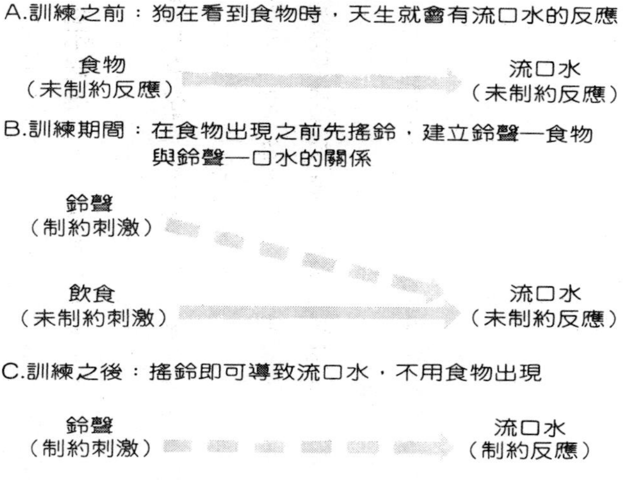
A.訓練之前：狗在看到食物時，天生就會有流口水的反應
食物（未制約反應）
流口水（未制約反應）
B.訓練期間：在食物出現之前先搖鈴，建立鈴聲—食物與鈴聲—口水的關係
鈴聲（制約刺激）
飲食（未制約刺激）
流口水（未制約反應）
C.訓練之後：搖鈴即可導致流口水，不用食物出現
鈴聲（制約刺激）
流口水（制約反應）

圖 5-5 古典制約釋例

攻擊它們的訓練者（Pavlov,1966）。

一開始你也許不覺得它與管理有什麼關係，但古典制約的運作在社會與公司生活之中，却有許多活生生的例子。生物反饋（biofeedback）與鬆弛訓練（relaxation training）便是兩個例子。生物反饋表示在刺激的各種狀態期間，腦部會產生各種不同的電波。當我們完全清醒與保持警覺時是一種電波，當我們鬆懈下來，有點兒昏昏欲睡時又是另一種電波，當我們睡眠時，則又是許多其他不同的電波。研究報告指出，從訓練學習到人爲控制學習，集中精神與沈思均可能產生有利的結果，並產生第二種鬆弛的電波。生物反饋訓練（這是一套眞正的古典制約程序），教導個人經由練習而將某些訊號（光等等）與不自名的腦波結合在一起，進而使其能控制這些腦波。鬆弛訓練（見Bensm,1974），是鬆弛那些時常會不自主地保持緊張的肌肉，它進行的方式與生物反饋訓練相同。在有意識的、自主的控制之下，藉著爲產生鬆弛而設計的各種技巧，反覆的造成其與鬆弛的相關性，便能導致一般不自主行爲（肌肉鬆弛）的發生。據說管理者與其他人都從古典制約的訓練計劃中獲益匪淺。（見Bonoma and Slevin,1978）

頓悟（Insight）

第四種（也許是最不常使用的一種）學習途徑稱爲頓悟。頓悟這個現象我們還不甚瞭解，但它往往是一條極爲重要的學習途徑，並能在學習的過程中造成很大的進步。或許你曾經花許多的時間在研究某些東西（如微積分），但不論你如何努力，却仍舊不得其門而入。你每天晚上花三個小時的時間將相關的技巧與公式，背得滾瓜爛熟，但是你實在不能說你已經瞭解或掌握了你想要學習的東西的本質。然後，有一天你或者根本沒有去思考微積分，但忽然間你却頓悟了，以前你所知道的所有片斷，突然結合成爲一個完形（gestalt）或整體，因此，以前你所大惑不解的，現在也就豁然開通了。這並不是因爲你做了什麼特殊的事，而是很自然的，一切好像都迎刃而解了。

頓悟現象最早的科學研究是心理學家 Wolfgang Köhler（1925）對猴子所做的實驗。他將幾隻猴子關在幾個籠子裏面，籠外大約一根棍子長的地方放著香蕉，每一隻猴子給它一根棍子，遲早這猴子總會得到頓悟，抓起這根棍子，用它將香蕉撥到籠子內。更重要的是，當這猴子以後面臨了同樣的情況，它便能毫不猶豫，無需任何訓練地拾起棍子，將食物撥進來。（亦見 Yerkes,1927）

頓悟代表這類型的靈光：新任務或困難問題的解決辦法，不知怎地就出現在我們的腦海裏。我們不知道它如何或爲何運作？我們只知道它是創造性學習過程的基本部分，而且不容我們忽視。

從 Yerkes 對猩猩所做的實驗，他導出了底下幾個頓悟學習的獨特標準。第一、繼續不斷的進行許多有關問題情況的調查與審視，但並不一定會採取任何行動。第二、這動物猶豫、暫停了一下，然後將全付注意力放在此一問題上面。其次，在幾次嚐試錯誤之後，這猩猩忽然直截了當的解決了這個問題。更進一步，它便能夠在做一次之後，故技重施，並能將此一解決辦法的原則推廣到其他問題的狀況中（Yerkes,1927）。完形心理學家認爲，頓悟是學習場（learning field）的徹底重組之結果，因此，先前無法解決的問題，經過重新思考之後，便變得平凡無奇了。

頓悟行爲（有時稱爲直覺）與管理學的關聯性，並不很明顯，但被肯定是具有高度關聯性的。的確，這種學習途徑，可以用來說明許多科學與管理的創造性大進步（見問題解決的風格）。實務問題、管理個案的訓練，常用來提高管理者以獨特的方法（我們稱爲直觀的、頓悟的方法）將事實與觀念組合起來的能力（Bourne,1966）。然而，很明顯的此一可能是最主要的管理學習方法，並沒有受到應有的重視與研究。

表5－1所示爲人類所使用的四種學習的途徑，我們以各個方法在學習時出現的頻度，依次排列。我們也列出每一個技術的基本運作方式，例如在替代學習，其運作方式是觀察別人。此外，我們也列出了每一種技術運作的主要原則或原因。當然，人類的學習無法像這樣硬生生的分爲四種不同的技巧，我們所學習的每一件工作，很可能是由兩種或多種學習途徑同時作用的函數。

問題解決（problem solving）

問題解決也像學習一樣，需要有學習系統的四個要素（Newell and Simon,1972）。（此一文獻精采的概論可參見Bourne,1966）。亦即，我們需要有目標、衡量當前現實的方法、行動系統，以及一個回饋系統。但是，就問題解決而言，我們之所以會有問題，是因為當前的現象與我們先前的學習不一致（Bourne,1966）。我們需要找出一種方法，將這種新的情況套入一個可接受的新模式，或以前就瞭解的舊模式。當我們這樣做時，我們是將一個新穎、奇怪的概念或事實，正確地歸類至我們先前的學習經驗中，我們就說我們已經解決了一個問題（Bourne,1966,P.20）。因此，問題解決是透過瞭解，將不熟悉的事物與我們熟知的規則求得一致。

這些規則是極為重要的：

1.我們每一次只將精神集中在我們所遭遇的問題之某一個面。
2.我們將這些個面（aspects）以過去的學習分類成可辨明的關係。
3.我們利用過去的知識解決新環境中的問題。

有關觀念形成的研究（Bourne,1966）指出，

表5—1學習的四個途徑

類型	運作方式	運作原則
操作制約	隨機行為與形成	直接增強
替代學習	觀察與溫習	觀察與直接
古典制約	將已有之反應與某些刺激伴隨出現	相關
頓悟	形態與解答突然變得明白	重組問題

這個規則形成的過程是問題解決的主要途徑。它同時指出，過去的學習與規則很可能會使我們無法解決新的和不同的問題。

當我們想要解決一個問題的時候，我們過去的經驗很可能會阻礙我們解決問題。過去的那一套歸類、知覺方式，與行爲及增强間之關係，在新的環境裏可能就會行不通。事實上，我們過去的經驗可能會蒙蔽我們對於問題的解決，而不會幫助我們，因此，當我們面臨問題時，我們所遭遇的是一個矛盾的狀況。我們必須能夠藉著過去的學習經驗，將問題以某種對我們有意義的方式加以歸類，然而，我們一旦這樣做，我們就必須隨時警覺到，我們過去所學的在此一新的情況中，不一定適用。

例如 Lyle Bourne 在他一些有關問題解決的實驗中指出，敏捷的解決者（quick solver）與遲緩的解決者（slow solver）可以底下的方法分辨出來（Bourne,1966,PP49—50）。好的問題解決者比較願意在證據證明他們的猜測錯誤之後，改變他們的假設。遲緩的解決者雖然也會改變他們的假設，但却不會跟已有的證據一致。敏捷的解決者多半是一次修正他們的看法中的一個面（aspect），但是，遲緩的解決者却一次做好幾個複雜的改變。此外，敏捷的解決者在採行最初的解決方案時，考慮到的問題屬性比較多。這些人最初多半是將精神集中在一個或兩個問題面，而不是整個問題。基本上，一個好的問題解決者比較不會戀棧過去所學的，而對於有關手邊問題的事實，較能開放心胸的去接受，如此，一個優良的管理問題解決者是應該隨著資料而有所應變。

試考慮下列引自 Edgar Allen Poe 的故事中之一段，它敍述一項秘密消息的解碼，這對於密碼專家是一件極爲基本的問題。

53‡‡＋305））6＊;4826）4‡.）4‡）;806＊;48＋8（60））85;]3＊;:＊8＋83（88）5＊＋;46（;88＊96＊?;8）＊‡（;485）;5＊＋2:＊‡（4956＊2（5＊－4）8（8＊;4069285）;）6＋8）4‡‡;1（‡9;48081;8:8‡1;48＋85;4）485＋528806＊81（‡9;48:（88;4（‡?34;48）4‡;161;:188;‡?;

讓我們告訴你有關這個密碼的幾件事情：第一，它可以解碼爲英文，第二，它記載著Kidd船長的秘密寶藏，第三、密碼上字元與字元間的空格，當正確翻譯之後，與英文字間的空格意義不同。你能解決這個問題嗎？停下來試試看！

如果你感到困惑，而又沒有福至心靈的運氣，那麼，或許在我們給你一些線索之後，你就能解開這個密碼。第一個線索是8這個字元出現了三十三次，而在英文裏頭最普通的字母是e。第二個線索是英文所有的字裏面，the是最普遍的，請注意：48在這個密碼中出現了七次。

現在你是否有辦法解開這個密碼了？底下是Poe的翻譯，這使得故事中的主角獲得了一筆巨大的財富。

「在魔鬼座的主教客棧裏的一支大望遠鏡。21度，13分鐘路程遠，東北方偏北。樹的主枝第七個分枝之東。從死人頭的左眼開一鎗。由這棵樹一直走過這一發子彈五十英呎以外。」

對於這個問題，你做得好不好，有一大部分是決定在你解決問題的風格上，而你解決問題的風格又從而決定於兩個重要的因素。其一我們已經提過了，那就是你過去的學習，它可能幫助你也可能阻礙你。過去的學習是一個確定的因素，它是一個比較泛的大項中的一部分，這大項就是關於問題的結構或工作的本質，到底會促進還是會抑制學習經驗的轉移。另一個大項稱爲問題解決者的本質，或者當你遭遇問題時，你所處的狀況。Bourne（1966）對每一個大項均引述了許多研究。範例5-4摘要了一些與管理較爲有關的結果。在此，我們對每一大類僅就一個例子做詳細的探究。

先前的學習（Prior Learning）

我們在生活當中所學到的主要事情之一是：如何去歸類（儘量用少數的律則就能將其歸納成有意義的各個大類）那終日困擾我們，爲數衆多或漫無秩序的事件。在我們小時候，我們就知道，不管煙灰缸是正著放、倒著放或是橫著放，煙灰缸還是煙灰缸。但這對一個嬰孩就不那麼明顯了，這需要學習。最後我們也學會了，三列四行的蘋果不比二列六行的蘋果多，然而，這在一個小孩卻是常犯的錯誤。我們知道將同一杯水倒在細長的圓柱容器中，並不會比將它倒入扁平而寬的容器中更多。簡單的說，我們學會了將實體世界歸類，這樣我們就不會昧於相同事件的轉化，而以爲它們是不同的了。

範例5-4 某些工作與人對問題解決的作用——摘要

工作關係

1. 當與最終解決方案無關的問題構面（dimensions）之數目增多時，錯誤解決的方案也隨之快速增加。
2. 當相關的重覆（問題所需資訊的重覆）增加時，錯誤就急速減少。然而，重覆的若是不相關的資訊，則錯誤就會急速的增加。
3. 當有關績效的回饋完全時，績效就會有所改善。
4. 定期的休息，對問題解決的幫助，效果並不大。

人員效果

1. 假若你能夠回顧一「先前錯誤的解決方案，你將會有更好的表現，因爲記憶是不完全的，當問題解決的時間托延過長時，也會發生遺忘。
2. 焦慮有助於績效，而不會妨礙它。
3. 訓練與主要問題類似的問題，將對往後的績效，極有幫助。

Source: Adapted from L.E. Bourne, Jr., Human Conceptual Behavior. Boston: Alyn and Bacor, We., 1966.

在社會世界裏，我們也學到了同樣的事，我們學會了將人用刻板印象來劃分（不管對或錯）。我們知道當人們對我們揮舞拳頭的時候，若不是開玩笑，便是一種攻擊的行動。我們學會了許多社會律則的解釋，它們告訴我們，如何將各種個人可以做的事情歸入幾個不同而有意義的大類，以便我們可以預知別人的行爲，並有效地控制自己的行爲。問題是：我們所學的一切與所有的歸類都可能在我們處理問題時，幫助我們或阻礙我們。學習可能正面轉移過來幫助我們，或者負面地阻礙我們。

假若我們將你放進一個大房間，進行實驗（見 Maier,1930）。在這個房間裏面，你看到兩條由天花板懸下的細繩，這兩條繩子垂直懸掛的距離與其長度，使你無法同時用手抓住。現在，你的工作是將這兩條繩子綁在一起。這房間裏尚有下列物品：一盒火柴、一包生日用蠟燭、家用電開關箱、一付撲克牌。你如何解決這個問題。

不必驚訝，有許多人無法解決這個問題，他們試過了所有的東西，沒有一樣適用。他們好奇地檢視著這些東西，但是想不出來，如何利用它們來幫助我們解決問題。在他們的想法中，生日用蠟燭只用在生日蛋糕上或者用來燃燒，撲克牌只能用來遊戲，開關箱只能用來裝電燈線。他們是 Norman Maier 所謂功能固著（functional fixity）的受害者。事實上，Maier 發現，三十七個人當中只有一個人能夠解決這問題。

功能固著的觀念是基於此一觀察：那就是某一物體的功能往往成爲此一物體的一部分，在對某一物體有長久的經驗之後，我們很難看出此一物體除了其被設計之用途外，還能拿來做什麼用。大部分的人不會想到開關箱可以用來當做一種重量。將它綁在細繩的一端，可令其左右擺動，然後，他們就有機會跑到另一條細繩旁邊，接住迎面盪來的開關箱，這樣就解決了這個問題。他們是過去經驗的受害者。

克服有關實體事物與其他人的功能固著的方法是，發展一個可被稱爲建設性替代主義

（constructive alternativism）的意識政策（Kelly,1955）。建設性替代主義只是一種比較漂亮的說法，它的實質意義是，我們必須用心地去想，看看物體或人們是否有不同的用法與做法。我們必須有意識地在新的問題環境中，努力的去尋找人們新穎甚或不易辨識的另一面，以求幫助我們解決問題。要這樣做的最好方法是，盡你所能地列出開關箱或人的所有屬性，然後去思考所有你能對這些屬性加以利用的方法。例如，在這個有著兩根細繩的房間裏，你仔細地考慮過撲克牌、蠟燭、開關箱是由什麼做成的？它們如何發揮作用？如果在你所列示有關開關箱的屬性之中，列了「重」這個字，那麼你至少已經對了一半了。

建設性替代主義（最早由精神醫師 George Kelly，1955所提出）的本意並不限用在一般的事物，它主要是提供事業和生活一個問題解決的基礎。Kelly 這樣寫著：

> 我們假定我們現在對宇宙所有的解釋，都受制於修正或增補……在這個世界過活，我們總該選擇一些尚有變通餘地的決策。不必作繭自縛，不必完全爲環境所制，不必爲過去所奴役。我們稱這種哲學觀爲建設性替代主義。
>
> 顯然，不管怎樣總會有替代的做法，但它們有些卻是十足糟糕的權宜之計。在此，衡量的尺度是其個別的效率，與其被採行後成爲系統的一部分時的系統之整體效率。（P.15）

建設性替代主義也可以像用在事物上那樣，用在人的身上。假如在你的公司裏面，有一位中級管理者，再也無法往上升，但基於政治上或個人的因素，你又不能將他解雇。他顯得懶散，喜歡在辦公時間到處走動，而對公司又毫無貢獻。雖然這是一個很糟糕的情況，而且很可能怎麼做都無法皆大歡喜，然而，針對他喜歡到處走動的特點，我們可以有一個建設性的解決方案。也許我們可以指派這位管理者為其他經理人員協調旅行事宜，或者讓他將年度會議計劃到最細節的部分。重點是當我們遭遇看起來似乎無法解決的情況時，我們很可能會受制於舊日的思考方式，而所以會如此的原因是我們放棄得太快了。打破我們過去的學習習慣有時能幫助我們產生頓悟。

匹茲堡大學的管理科學家兼心理學家 Ian Mitroff 提出並改進一種他稱為辯證的問題解析法（dialectical problem analysis），這種方法可以幫助管理者施行 Kelly 的建設性替代主義（Mitroff and Bonoma,1978）。Mitroff 以為每一個管理結論或行動的建議，通常都是由某些資料（不論是數量的或直觀的）而來，同時，整個問題解決的過程是由一些未經證實也未能證實的假設支持著。通常，問題解決過程是由這些假設出發，經由一組資料，然後得到結論，由於這條途徑是首尾一貫的整體，很難加以批評。Mitroff 所建議的更為有效的問題解決，是以一種辯證的方式來進行，亦即對問題解決中的每一個元素，想辦法找出一個說得通但却相反的成分。如此，假若你基於一個基本的假設——產品必須準時出廠——決定解雇 Harry，同時，你用一連串來自憤怒客戶的電話做為你的資料組，那麼 Mitroff 將會要你多想一些其他的假設與資料組，以加强你檢視問題的能力。同時，在解雇 Harry 之前，先想想看有沒有其他的辦法。替代的假設也許是：「你所有的訂價人員工作負荷均為過重，無法做好他們的工作。」而資料組可能包括你所接到的三通電話，加上六通你的同儕接到有關其他管理者（Harry 除外）的電話。至於替代的決策則可能是為整個部門找一位時間管理顧問。

問題解決風格（Problem-Solving Style）

是否有某些人比別人更直觀或更富創造力呢？是否有某些人比別人更擅於解決分析性、邏輯性的或數學方面的工作呢？

過去長時期的腦部生理研究（例見 Ten Houten and Kaplan,1973）與思辯的心理分析的證據，指出問題解決有一些不同的風格。我們提出兩種來考慮：第一、分析的、邏輯的、數學的個體。第二、直觀的、尋求模式的、藝術的，或是情感的個體。

研究（最早開始於1964）指出，你的問題解決風格可能決定於：你大部分的活動到底是由腦部的那一半葉所主宰？右撇子的人，通常是左半葉爲主宰；而左撇子的人，則通常是右半葉爲主宰。腦部的左半葉控制分析性與邏輯性的工作，它處理語言，而且對於直線的、依次的資訊處理較能應付裕如。它將各個構想拆開，並將它們縮減爲基本的核心。它對於衡量的工具（如時間與英吋）比較敏感，我們所說的智慧（intellect）指的大約就是這一部分。證據顯示許多人與管理者均是左腦爲主，或高度分析型的風格。

然而也有一些人（他們有一些是管理者）是趨向於右腦爲主的。腦的右半葉是直觀的大本營，它專門負責辨識事物的類型（pattern），而非將其分散爲小的分析元（analytical bits）。它也是藝術天賦的大本營，處理的是視覺影象、創造力，與空間的處理。有一小部分的人（在管理者這比例更低）是右腦爲主的。Ten Houten and Kaplan（1973,P.12）曾經描述腦部的左右兩半葉與它們的功能如下：

不同的證據指出，左半葉大腦主宰著命題式的思考，而右半葉則主宰著某些視覺的、建設性的工作，如素描、模倣、積木設計，以及有關藝術的建設性活動，像詩、文學，與繪畫等。廣泛一點說，右半葉所主宰的是同時將各個片斷、事項，以一個整體或完形（gestalt）整合起來的思考。

關於左腦爲主或右腦爲主的個體，有一些非常有趣的研究發現。例如Day（1967）發現，當人們被問及12×3=?時，總會習慣性地或左或右的將眼擺向一邊，沈思一番。他發現擺向左邊的人大部分是右腦爲主的，反之則是左腦爲主。如此，擺向右邊的人便是分析型的，而擺向左邊的則較爲直觀；擺右者閱讀測驗的分數較高，表現出分析能力，是抽象的思考者。擺左者則對聲音比較敏感，比較集中精神於內在的感受，習慣於詩意的表達。此外，分析型的人（Baken,1971）在大學裏比較會選擇科學爲主修科系；而直觀型的人則選擇觀念性的，非數字的學科爲其主修科系。

如果一個人完全爲某一半葉大腦所主宰，那麼這種極端的後果是什麼呢？這可由因意外事件或醫療活動，而切除其接連於兩葉大腦之間的胼胝體（corpus callosum）的病人身上得到說明，這些病人兩個半葉大腦之間的溝通短路了。

例如，當這些人矇上眼睛之後，只能回答有關握在右手的東西的問題，對於握在左手的東西則無法做答。這些人知道握在其左手的東西是什麼，可是他們就是無法將它們說出來。因爲身體左半都是由腦子的右半部所控制，而腦子的左半葉所控制的却是分析的語言的功能，如此，你可以明白我們甚至在辨識物體的時候，是多麼地倚賴我們的分析能力。有關直觀的右半葉大腦也有同樣的發現，例如、無法說話（左腦）的病人却能暢然無阻的唱歌（右腦）。

在此，最重要的觀點並不是某些管理者趨向於分析爲主的問題解決風格，某些則趨向直觀爲主的風格，而另外有一些却是兩者的組合，這是無庸置疑的。Bonoma 與 Slevin（1978）也已指出分析型的人較適合做管理者，而直觀型與組合型的人則較適合做規劃者。重要的是，我們每一個人都有直觀的與分析的能力。第二、任何一個人對於上述兩種能力可能有一項比較發達。第三、在我們的文化當中，你的類型化（patterning）、完形、直觀或藝術的能力，很可能開發得較少。以你能輕易地計算樹木而不見樹林的程度而言，你很可能是一個左腦爲主或偏向分析型的思考者。在你解決問題時，你必須注意這種偏向，並儘可能對這問題採取比較直觀的、藝術的方式。

摘要

人類這個有機體，不管是在成長當中或是在環境裏頭，都是一部巧妙的學習機器。它有目標並且能衡量現實與目標間的差距，它能改變它的行爲以求得與目標的一致；並不斷地將衡量的結果回饋，當它爲了處理未來的環境，而藉此形成新的律則時，我們稱其爲學習。當它藉此利用過去的經驗來處理一個與當前之類型不同的新問題時，我們稱其爲問題解決。

學習有四個主要途徑：操作制約、替代學習、古典制約，與頓悟的體驗。問題解決則有兩個相關的主要方法：分析爲主與直觀爲主。

本章最重要的教訓是：學習與問題解決並不是極端的不同，在某些場合，它們甚至可能是同一種活動。有效的學習是需要：對行爲的後果加以注意；溫習期望行爲的能力；徹底將新的管理教訓重組和整合到過去的經驗模式當中。有效的問題解決則需要：容許應用各種過去所學的方式，重組問題的要求；並透過練習，建設性地重組問題假設、資料與結構，以產生替代方案來做爲比較之用。

本章參考書目

Bakan, P. "The Eyes Have It." *Psychology Today*, 4（1971）: 64–67, 96.

Bandura, A. "Vicarious Processes: No-Trial Learning." In L. Berkowitz（ed.）, *Advances in Experimental Social Psychology*. Vol. 2. New York: Academic Press, 1965.

Bandura, A., and R.H. Waltes. *Social Learning and Personality Development*. New York: Holt, 1963.

Benson, H. "Your Innate Asset for Combating Stress." *Harvard Business Review* 52（July–August 1974）: 49.

Bonoma, T.V., and D.P. Slevin. *Executive Survival Manual*. Boston, Mass.: CBI Publishing Co., Inc., 1978.

Bourne, L.E., Jr. *Human Conceptual Behavior*. Boston: Allyn & Bacon, 1966.

Day, M.E. "An Eye-Movement Indicator of Individual Differences in the Psychological Organization of Attentional Processes and Anxiety." *Journal of Psychology* 66 (1967): 51–62.

Hamner, W.C., and D.W. Organ. *Organizational Behavior.* Dallas: Business Publications, Inc., 1978.

Hellriegel, D., and J.W. Slocum, Jr. *Organizational Behavior.* St. Paul, Minn.: West Publishing Co., 1976.

Hilgard, E.R., and G.H. Bower. *Theories of Learning.* New York: Appleton-Century-Crofts, 1966.

Kelly, G.A. *The Psychology of Personal Constructs,* 2 vols. New York: Norton, 1955.

Kimble, G.A. *Hilgara and Marquis Conditioning and Learning.* New York: Appleton–Century-–Crofts, 1961.

Kimble, G.A. *Foundations of Condation andLeadning.* New York: Appleton–Century– Crofts, 1967.

Kohler, W. *The Mentality of Apes.* New York: Harcouqt, 1925.

Leavitt, H.V. *Managerial Psychology.* Chicago: University of Chicago Press, 1972.

Luthans, F., and R. Kreitner. *Orgnizational Behavior Modification.* Glenview, I11.: Scott, Foresman, 1975.

Maier, N.R.F. "Reasoning in Humans, I. On Direction." *Journal of Comparative Psychology* 10 (1930): 115–44.

Mitroff, I.I., and T.V. Bonoma. "Psychological Assumptions, Experimentation, and Real World Problems: A Critique and an Alternative Approach to Evaluation." *Evaluation Quarterly* 2 (1978): 235–60.

Newell, A., and H.A. Simon. *Human problem Solving.* Englewood Cliffs, N.J.: Prentice-Hall, 1972.

Pavlov, I.P. *Essential Works of Pavlov.* New York: Bantam, 1966.

Skinner, B.F. "Operant Behavior." In T.W. Costello and S.S. Zalkind (eds.), *Psychology in Administraion.* Englewood Cliffs, N.J.:Prentice-Hall, 1963---. *Contingencies of Reinforcement.* New York: Appleton-Century-Crofts, 1967.

TenHouten, U.D., and C.D. Kaplan. *Science and Its Mirror Image.* New York: Harper, 1973.

Thorndike, E.L. *Animal Intelligence.* New York: Macmillan, 1911.

Yerkes, R.M. "The Mind of a Gorilla: I. " *Genetic Psychology Monographs* 2 (1927): 1–93

第六章 挫折、衝突與壓力

早上7:06 Herb 醒過來，較往常遲了半小時。他揉了揉睡眼惺忪的雙眼，點一根煙，又喝了一杯咖啡代替早餐，畢竟最近他又胖了十磅。

8:14 在市中心那可怕的交通中折騰了半天，竟又找不到地方停車。最後，他好不容易才到達辦公室。他的秘書却來電話請病假。

8:36 Herb 的上司中午要有關 Slagel 公司的報告。Herb 的同事 Charlie 也打電話說他必須在早上十一點前提出報價，否則與 Noonan 的交易就要泡湯了。秘書請假，Herb 必須親自來算這些數字，否則必須要他的一部屬停止其他工作來做這件事。

8:51 銷售經理來電話。他們派往夏威夷商展的代表生病了，因而無法成行。假如 Herb 在今天11:30後有空，他可以用公司的費用前往。

9:30　在咖啡自動販賣機旁，Herb 聽到人家說，假如他好好幹的話，他可能很快就會獲得升遷。他不知它意味著什麼。此外，他喜歡總公司所在的城市。他點了另一根香煙，決定答應去夏威夷，並回到他的辦公室，先打電話給他的太太，然後又打電話給公司。

這一幕對你而言，是否過於刺激？不會吧!!管理的行爲研究上指出，（McCall，Morrison, and Hannon, 1978）經理人員的工作是片斷的、急遽的，不時會有打岔的情況。在一天之中，他可能要處理一百件以上的偶發事件，或不同的事務。這些事大都會打斷原先正在進行的活動，就像發生火警，需要立即去撲滅一樣（Mintzberg, 1973）。簡而言之，管理是一場瘋狂的競爭。無論你所爭的是像老鼠的晚餐那麼微不足道，或是像整個乳酪業那樣燦爛輝煌，管理都是一項極爲激越的工作。

然而，要將作用在管理者身上的力量理出一些秩序來，並不是不可能的。這些力量大約可區分爲三大類。第一，它們可能是存在管理者與其所欲達成目標之間的障礙。第二，它們可能是管理者想要從事的行動，而這些行動可能是互斥的。第三，他們可能是由管理者的角色與任務中衍生出來的其他壓力。現在就讓我們用 Herb 的例子來說明吧！

目標障礙　當 Herb 發現他的秘書當天沒來，而他又有很重的工作負荷時，那麼 Herb 與工作目標之間就有了障礙：例如，請同事的秘書來幫忙，或者踢他秘書的桌子，甚至打破她最喜愛的相片。當某人與其目標之間有障礙時，我們說這個人受到了挫折。

互斥的活動　Herb在中午以前必須完成一份報告，同時在十一點以前也必須替Charlie提出報價。這兩者他都想做；但是時間就是不夠。此時Herb正陷於衝突之中。

其他壓力　Herb身兼Charlie的同事、上司的部屬，夏威夷商展的新代表、丈夫等等角色，而這其間的種種交叉壓力，正是我們所謂的角色衝突和角色過荷的例證。角色衝突與過荷，只是所有可能的壓力中的兩種而已。當管理者所受的生理或心理的壓力接近或超過他所能忍受的最大限度時，我們就說這個人受到壓力。

本章講述的是挫折、衝突及壓力。當然，挫折與衝突，目標障礙與互斥的活動，對管理者而言，都可能是壓力的來源。在這裡我們將其分開處理，因為比起其他壓力來源，我們對這二者的了解比較多，而且它們在管理生活中也較為常見。但是，連續的挫折或連續的內在衝突（intra-personal conflict），也會產生壓力，並產生與壓力相同的效應。

討論完挫折與衝突後，本章的第三部份將把討論的重點擴及一般的壓力。我們將如一般對生活壓力的研究一樣討論一些管理性壓力，如角色過荷、角色衝突等等。

雖然本章的討論，一直將讀者當做是個正經歷挫折、衝突或壓力的人。但是，對你的同事、部屬而言，你的角色應是個「幫助者」，你必須幫助他們處理這些現象。所以，閱讀本章，不只是為了自我的探討，更因為它能使你在幫助他人時，提供一些有用的指導原則。

挫折

定義及運作

依據 Cofer 與 Appley 的說法，挫折是一種負面的情緒。它意味著「某一行動未能貫徹其目標」（1964, P.412）。這個定義不夠淸楚的地方在於挫折是發生在你的內心的一些事物。也就是說，挫折是管理者的一種內在狀態，而目標障礙或管理者的無力貫徹目標，是促成挫折的條件。

幾乎所有的行爲都有挫折的可能性。對小孩而言，挫折可能來自阻隔在他與糖果間的玻璃櫥窗。對管理者而言，挫折可能源於秘書未能來上班，或是在升遷時遇上强勁的競爭者，抑或是其他阻礙目標達成的事物。圖6—1所示，爲有關挫折的圖解。不管挫折是因環境、人，或者只是個人的能力不足而起的，這個圖解都可以通用。

動機理論學者，一般均同意挫折的發生有三個必備的條件。(1)你所致力的行爲動機必須是强烈而重要的。(2)你認爲期望的目標是重要且可以達成的。(3)在你欲達成的目標與實際狀況間有障礙存在。假如你沒有重要理由要達成目標，那麼當你遇到障礙時，你就會走開。其次，儘管目標很重要，它也必須是可以得到的。例如，你是個二十歲的經理人員，而想在今年變成公司的總裁。但你知道這個目標是不可能做到的，因此，你不會受到挫折。最後，假如沒有障礙存在你與目標之間，那麼根據定義，也不會有挫折出現，因爲沒有什麼會阻撓你達成目標。一般而言，在我們說某人受到挫折之前，這三個條件必須先成立。

挫折的效應（影響）

任何環境或人都可能使管理者產生挫折，而這些挫折也很可能在管理者身上造成各種反應。據各種研究報告（請參考 Coffer and Appley, 1964）顯示，挫折有五種常見的典型反應。它們是攻擊（aggression）、退化（regression）、壓抑（repression）、固著（fixation）及退却（withdrawal）。

假設甲經理突然接到上司的電話說，本來屬意於他的新職位，現在已經決定由另一個人來擔任了。這時甲經理可能因此而出言頂撞他的上司。談話完畢之後，他可能摔電話，甚至搥桌子

圖6—1挫折與它的一些可能反應

1.原先的反應受到阻礙，管理者受到挫折
2.-3.管理者可能調適其反應——仍然受到阻礙
4.管理者可能攻擊障礙
5.管理者可能攻擊自己
6.管理者可能退却
7.管理者可能固著在某一反應
8.管理者也會受到壓力

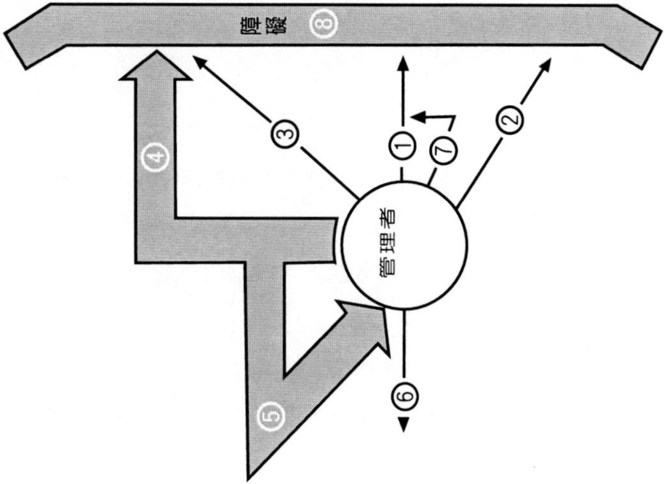

出氣。或者他會靜靜地等待下次幕僚會議時，好好地整一整那個獲得升遷的好傢伙。再不然，甲經理可能降低其對自己的評價，喪失自信心，更極端的情況，（假如他把這件事看得很重要的話）他可能會自殺。

像這個例子中，甲經理的每一個反應都可以將它歸類爲攻擊。這一大類像摔電話及出言不遜，是外向攻擊（outward aggression），不管是令他產生挫折的人、物，或是碰巧出現的倒楣鬼，他都會試著去攻擊。而降低對自己的評價，則是一種內向攻擊（inward aggression），一種因挫折產生的自我攻擊。挫折——攻擊的連鎖，儘管受到人們的訾議，但它卻是行爲科學上最明顯的關係之一。

現在讓我們來看看另一個例子，乙經理發現，她竟然不能參加下一趟到紐約的採購團。她非常想去，而且由於她最近的傑出表現，這個願望也很可能實現。但是事實擺在眼前，她去不成了。確切一點說，她退化了，回復到適於先前職務的模式。乙經理所做的是打電話給她以前的上司，（雖然乙經理現在並不歸他直接管轄，但與他有良好關係）乙經理請他向她現在的上司說情，讓她參加這趟任務。或者乙會生病，或拉長午餐的休息時間，來表現其退化的行爲。當然，我們將她的行爲標識爲退化，可能對她造成傷害。遇到挫折時，想辦法向以前的上司活動與回到母親的身邊，是有差別的。退化反應必須有一種特有的傾向，也就是回復到過去曾經是適當的行爲模式。（例如，假若你得不到你所要的，就屏息彆氣。）

另一個經理對挫折的反應，說明了壓抑的狀況。丙經理剛獲知面試過後，並未獲得另一家公司的新職務。儘管這家公司過來挖角的人認爲她實在是這個職位的最適當人選，同時在面談時，大家似乎也很喜歡她，但她還是毫無理由地被刷下來。丙經理將這件事給壓抑下來，她也努力地要忘記這件事，就像沒有發生一樣。她試著使自己相信：我們忙得無暇去思考的事，一定不重要，不是嗎？

對一般瑣碎的挫折，丁經理的反應是所謂的固著。丁經理已經花了三十分鐘，想要透過WATS（wide area telecommunications service）接到洛杉磯去。利用WATS的綫路，只要花一般長途電話費的一部分，就可以從東海岸打到西海岸。但是某個時段，這條綫路通常很忙。而丁經理在打電話給西海岸的同事時，正好碰上這段尖峯時間。這通電話非常重要，但她就是打不通。對此，她的反應只是繼續撥號，一次、五次、十五次。她並不想法迂迴繞過這個障礙，只是一再重覆此一不適宜的反應（maladaptive response），反覆地撥著電話。除非現實改變，否則她的反應將一直是不適宜的。

最後，戊經理對挫折的反應是：從使他挫折的環境中退却。戊經理可能會發現，高層人員的想法與他完全不同。他們在下年度內，根本不打算給他升遷。對這個問題，戊經理有一個很簡單的解決方法。戊打電話給每一個他認識，且願意挖角的人，並將履歷表寄給各個公司，以便離開這個令他挫折的環境。簡而言之，戊的反應是從令他挫折的環境中完全退出。當然，戊的反應可能不只退却。某些實驗研究顯示（至少在非管理性的工人是這樣的），缺勤跟工作上的挫折有關（Mann and Baumgartel, 1952）。而Guest（1955），Walker和Guest（1952）的研究中指出，對裝配綫工人而言，挫折是更換工作的一個主要影響因素。

當然，每一個人對令他挫折的環境或人都可能產生上述五個典型的反應中的任一個。但是，我們認爲每個管理者對挫折都會有獨特的反應方式，而我們摘要出來的五個反應，可能就是一般最常有的一些反應。下面摘要列出挫折的反應。那一種是你對挫折的典型反應？而你對前述的狀況，又會有什麼反應呢？

1. 攻擊：攻擊與挫折狀況相關的人（部屬）或物（電話），包括攻擊自己，或其他與目標障礙無關的個人（替代的攻擊）。
2. 退化：將行爲移轉到對早期職務或生活較適宜的型態。
3. 壓抑：努力忘記令他挫折的情況，如此管理者就可以不必處理它。
4. 固著：固執地執行先前沒有成功的行爲。
5. 退却：離開那個令他挫折的場所。

挫折的適當與不適當的反應

管理者可能適當或不適當地運用我們討論過的每一個常見的挫折反應。基本上，要決定那一個策略有效，得要同時考慮人與環境的問題。適當的反應（adaptive response）是指那些能夠消除障礙，達成目標，或者雖然無法消除障礙，至少不會對自己造成傷害。例如，發生火災時，攻擊緊閉的安全門，便可能順利地逃出去。或者，當其他反應都已失效時，退却可能是最適當的反應。

Robert Pirsig 在他的《禪與機車保養的藝術》（Zen and the Art of Motorcycle Maintenance, 1974）一書中，討論了一些「智慧陷阱」（挫折），並以機車修護爲例，說明如何合理解決這些挫折。他所提到較爲平常的陷阱，包括價值僵固（value rigidity），這是說你對問題的論斷下的太早，因而爲問題所困，無法解決它。其次是自我陷阱（ego trap），在此由於你自恃甚高，所以你不願承認錯誤，並採取更適宜的行爲。其它還有焦慮、無聊，和急躁陷阱（anxiety, boredom, and impatience traps）。它們分別是由於缺乏信心、興趣，或時間，而造成目標障礙。

爲了避免這些陷阱，並激發適宜的反應，Pirsig 有下列的建議，這也是我們的建議。

1. **當你遭遇障礙時，停下來，再一次考慮你的計劃**　從容地放慢你的步伐，重新檢討你的理論基礎，看看以前你所認爲重要的，是否眞正重要？同時……嗯……你就一直盯著這部機器看，這樣做沒什麼不對，只要接受它，一會兒就好了。看著它！就好像你釣魚時看著釣線一樣。不用多久，你會感受到一陣輕咬，它似乎正怯生生的，謙遜地問你是否有興趣？這世界就是這樣。提起興趣來吧！

2. **保持彈性**　試試其他目標途徑，它也許能夠使你避開障礙。例如，Pirsig 對「南印地安猴的陷阱」有如下的描述：這陷阱是將一只挖空的椰子果栓在一木樁上，這椰果裏頭擺了一些米，穿過一個小洞可以將其取出。這個洞不大不小，恰好大到可以讓猴子把手伸進去，但却無法讓它把滿握著一把米的手掌拿出來。猴子將手伸進去之後，卻忽然間陷在裏面——被它自己的價值觀的執迷所構陷。它不會去重新估量這把米，它不明白沒有米的自由，比滿握著一把米而被擒走更有價值。村裏面的人就要來把它抓走了，他們愈走愈近……愈近…呀！什麼忠告？（不是鉅細靡遺的忠告），對這隻可憐的猴子，你有什麼忠告？

好了，我想你要說的話，可能跟我一直在說的一樣……或者帶有一些急切的口吻。這隻猴子應該明白一個事實：如果它張開它的手，它就自由了。但是，它要如何發現這個事實呢？它必須放棄將米看得比自由還要重要的這個價值觀的迷執。它如何做到這樣呢？它應該利用某些方法，讓自己從容地放慢步伐，重新檢討其理論基礎，看看它以前所認爲重要的，是否眞正重要？好罷！停止對這椰果拉拉扯扯，對它打量一下，不用多久，他應該也會感受到一陣輕咬，探詢著它是否有興趣？它應該想辦法瞭解這個事實，而不是憂心它的大問題。那問題也許並不像它所想的那麼大，那事實也可能並不像它所想的那麼小。這大概就是你能夠提供給它的忠告了。

3. 發展出一個通用而適當的方式以處理挫折　有人可能什會問：「好罷，如果我避免了那些陷阱以後，我是否就能克服它呢？」這答案當然是否定的。你仍舊沒有克服任何東西，你必須要有正確的生活方式。事先決定你是否能避免陷阱，以及能否看清事實的是你的生活方式。你想不想知道如何做一幅完美的畫？很簡單，先讓你自己完美起來，然後自然地畫將起來。這就是專家的做法。做畫或者機車修理的成功因素並不與你往後的日子分離。假若你在一週之中的前六天都是個草率的思考者，你不在你的機器上下功夫，那麼什麼樣的陷阱避免法，什麼樣的魔術，能夠使你在第七天忽然變得敏捷起來呢？這都是不可分的呀！

但是，如果你一週之中的前六天都是草率的思考者，而你實在想要在第七天變得敏捷起來，那麼也許接連下來六天，你就不再像以前那麼草率。對於這些陷阱，我想要提出的，大概就是活得對、活得好的捷徑吧！*

*From Zen and the Art of Motorcycle Maintenance by Robert M. Pirsig. Copyright © 1974 by Robert M. Pirsig, pp.311, 312—13, 324—25. By Permission of William Morrow & company.

管理挫折的案例

Chris Argyris 在他那本有名的著作《人格與組織》（Personality and Organization, 1957）一書中認爲：在今日龐大的組織中，健全運作的管理者，很可能會有循環不已的挫折來源。爲此，Argyris 提出一項極具說服力的論點。他指出：一位心理健康的管理者，必然非常重視獨立、自立，以及聯合決策時的參與。但是，很不幸地，Argyris 也同時指出，現在的官僚組織（bureaucratic organization），由於它特定的結構與運作方式，往往會將它的管理人員培養成依賴、順從、被動的人。因此，Argyris 認爲，身爲一個管理者，你越健康，公司內的一些制度便越可能令你感受到挫折。

雖然對 Argyris 所提出來的研究結果，我們不能有所討論，但是我們卻能提供一個例子，來說明他的論點。從一項對三家銀行所做的研究中，Argyris 發現，銀行傾向於雇用「唯命是從型」（right type）的行員，也就是個性溫和、被動、順從、謹慎的人。很顯然的，一個有看法、有主張的管理者，在銀行的遴選過程當中，被選上的機會並不多，而在往上升的階梯上，那機會就更少了！

對於這種存在於組織要求與個人特性之間地挫折，Argyris 列舉了幾個管理者可能的反應。

● 逃離管理工作的現實（reality）。（我們稱這種為退卻）。做白日夢、漠然，及「這只是個工作」的態度…等，是這種挫折反應的基本構成要素。

● 對工作不願投入。Argyris 指出，漠然的態度在整個生產階層有增加的趨勢，而這種漠然，對一般組織造成嚴重的生產損失。

● 設定工作量，偷懶與怠工。不單是裝配綫工人，即使是管理人員也有同樣的情形：一個組織通常會發展出羣體常模（或規範，group norms），來規定工作時的產出量。如果工人的產出量超出這個數目，就會受到嚴厲的制裁。

因此，Argyris 認為，在健全的管理者與官僚組織（像公司等）間的運作方式，先天上就存在有令人挫折的狀況。由於這種挫折的結果，管理者的生產力會大幅地降低，而所感受到的不良影響也會特別多。但是如果組織能用另外一套規章來運作的話，情況也許就不會那麼糟了。你覺得呢？假如你是這家公司的老闆，你該怎麼辦？

衝突

衝突，在這裏的意思是指發生在人們「內心」的某些事情。（就像挫折一樣）另外還有一種衝突，是發生在人與人之間的，我們將在第八章討論。但是我們現在所要考慮的內在衝突（intrapersonal conflict），「通常代表同時存在的兩種互斥的行動傾向」（Coffer and Appley, 1964, P.412）。

基本內在衝突的許多理由，（目標的本質、情況的本質、管理者的本質），管理者會發覺，自己在各個不同的方向被推過來推過去。例如，像Atkinson所指出的，幾乎任何一個重要的管理工作，都有衝突的可能性，因爲你有接受此一工作的動機。（Atkinson, 1964）讓我們舉個例子來說明吧！比方說，最近你到一家競爭廠商的工廠去參觀，因此，你必須寫篇報告給你的上司。但是你對成功有强烈的動機，這便會驅使你寫一份長篇大論的報告，以表現你的才能，以及你對競爭廠商的產品有充分的了解。另一方面，你也有同樣的動機要避免失敗，這會驅使你簡單扼要的寫一份報告，以免暴露你對某些技術細節的模糊概念。這兩個動機的强度幾乎是相等的。因此，衝突也就變得稀鬆平常了。

衝突的四種類型

圖6－2所示爲衝突的四種類型。前三個是由社會心理學家Kurt Lewin（Lewin, 1935）所提出的。第四個則是由心理學家Neal Miller（Miller, 1944）所提出。

1. **雙趨衝突**（Approach-Approach Conflict）

常被用來說明雙趨衝突的例子，是一個有關一隻公驢的故事。這隻驢站在兩堆乾草中間，因爲不知道該先吃那一堆草，於是走來走去，考慮許久，結果因此而餓死了。在雙趨衝突中，管理者必須從兩個看起來一樣好的行動方案中，做個抉擇。在圖6－2的例子中，管理者的上司告訴他說，他可以買一部新的聽寫機，或者是到Denver Colorado去做一趟業務旅行。假設這兩個方案，對這個管理者具有同樣的吸引力，那麼，管理者便陷於雙趨衝突之中，因爲上司不會同時同意兩筆支出。你認爲如何呢？那公驢會餓死嗎？管理者會無法選擇嗎？

2. **雙避衝突**（Avoidance-Avoidance Conflict）

與雙趨衝突完全相反的是雙避衝突。面對這種衝突，管理者必須在兩個同樣糟糕的目標間，做個選擇。例如，對一個績效不佳的工人，你是給他不良的考績呢？或者是讓自己的考績打折扣？稍後，我們會討論圖中虛線的重要性，它代表一種迫令管理者無法逃離衝突狀況的障礙。

3. **趨避衝突**（Approach-Avoidance Conflict）

在趨避衝突當中，管理者被推向他所期望的目標，但卻又因包含有某些他所不希望的東西，而被推離目標。本節開頭所學的例子中的管理者，希望獲得成功卻又害怕失敗，就是個趨避衝突

1.雙趨衝突：管理者必須在兩個一樣好的方案之間做個抉擇——買一部新的聽寫機，或是到Denver去業務旅行。

2.雙避衝突：管理者害怕自己的考績不佳，又不願給績效不良的員工不好的考績，虛線表示逃避是不可能的。

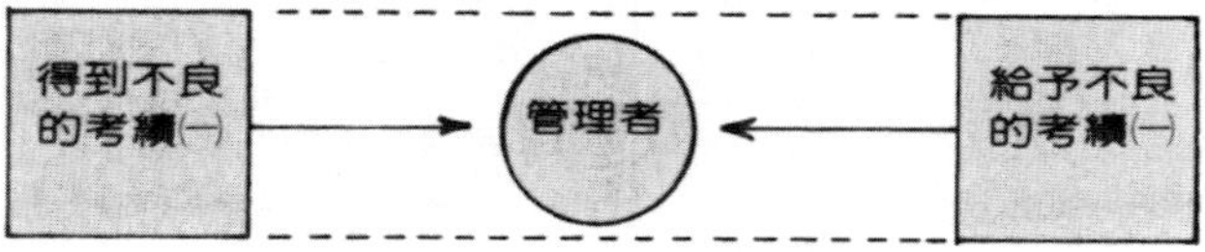

3.趨避衝突：管理者希望得到晉升；但不知道自己是否有能力處理新的工作。

4.雙(多)趨避衝突：管理者想得到新差事，但又害怕承擔責任，或某工作需要調到一個令人神往的地方去，但他必須離開朋友及他熟悉的環境。

圖6-2 衝突的四種類型

的事例。圖6−2的例子也是。又我們所假想的管理者，希望獲得一個新的、重要的職位。但是他不知道自己是否能夠將新的工作處理得很好，因爲這個職位牽涉到一個新的部門。你覺得情況會如何發展呢？如果是你，你會怎麼做呢？

4. 雙（多）趨避衝突：（Double or Multiple Approach-Avoidance Conflict）

最後，雙（多）趨避衝突是目標的趨與避的組合。圖6−2的第四點所描述的是最簡單的雙趨避情況。還是以那位希望獲得晉升的管理者爲例，只是稍微做修改，讓它複雜些。這位管理者希望獲得晉升，因爲它不但代表地位的提高，還意味著薪水的增加。他也希望能調到邁阿密的陽光海岸。但是在另一方面，我們這位管理者卻又害怕負擔因晉升而來的工作責任。因爲他必須從會計部門調到行銷部門，而他以前對行銷沒有任何經驗。此外，他的家人與朋友都住在家鄉Dayton，這裏令他覺得自在。他不知道離開這個自在的老環境，會是什麼樣的滋味？你認爲情況會如何發展呢？我們能夠只保留好的，而把壞的結果去掉嗎？我們能夠明白管理者的抉擇嗎？

衝突的模式

Miller曾舉出四個假設（1944），（這些假設乃得自許多研究）它們能幫助我們對這四種衝突的結果，做更好的預測。

1. 你應該將趨避的傾向看做像一座小山一樣，具有坡度（gradient）。
2. 趨向期望目標，或避離令其不悅的目標的傾向隨著人們與這些目標接近的程度，而有增强的趨勢。

3. 避的坡度比趨的坡度還要陡，所以當你越接近目標時，避的傾向增加得越快。

4. 當兩種互斥的傾向（就像趨避一樣）陷於衝突當中的時候，較爲強烈的傾向會發生。

圖6－3所示爲Miller的衝突模式的略圖，它說明了圖6－2第三點所列的趨避衝突。

讓我們假定，你被邀請參加一個晚會，而你實在不太想去。但這是一個聖誕晚會，而且你的一位要好的同事，早在十月時便把這項邀請告訴你了。如此，依據Miller的衝突模式，你所處理的位置是在圖6－3所示箭頭所指的地方。基本上，這時與目標的距離（時間）還很遠。目標是遙遠的，因此依據Miller的模式，在這一點，趨近目標的傾向會大於避離目標的傾向，所以你會接受他的邀請。但是，隨著時間的飛逝，你會開始考慮參加晚會的一些負面的情況。無庸置疑的，這晚會必然會是吵鬧而虛假的，你將會看到一些你不想看到的事情。不管怎麼說，你對這晚會就是沒有好感。正好Miller的模式所顯示的：越接近晚會的日子，你避離它的傾向就越強烈。在某一個點，也許是十一月初，避離的坡度開始超過趨向的坡度。也就是你避離晚會的傾向，會隨時間的接近而增加。假如這種傾向夠強烈的話，你可能會生病，離開一陣子，或者做一些能夠使你避開此一衝突的事情？

前面僅以趨避衝突來說明Miller的衝突模式，但其他三種衝突也適用於這個模式。現在，知道了這一些，你是否能預測這四種衝突的影響？

衝突的影響

就像挫折一樣，我們所討論的這四種衝突，也會在管理者身上產生某些反應。然而，每一種衝突的確會在人們的身上產生一種典型的反應。依據研究及經驗，管理階層對於衝突會發生以下的反應（內在的或外在的）。

1. **雙趨衝突**：在雙趨衝突之中，並沒有避離傾向的存在。那隻公驢在兩堆乾草之間，左右爲難。管理者在兩個一樣好的方案中，難以取捨。依據Miller的衝突模式，在雙趨衝突中，有一個兩段式的解決過程出現。當管理者一開始陷於此情況之中時，他會在這兩個方案之間游疑不定。但是這種游疑是很短暫的，一旦管理者向其中一個目標「跨一步」，趨向這個目標的傾向就強於趨向另一個目標的傾向。其結果是，只要跨出第一步，離開了中點，那麼這個衝突就解決了。在前面那個管理者的例子裡，只要他想出一

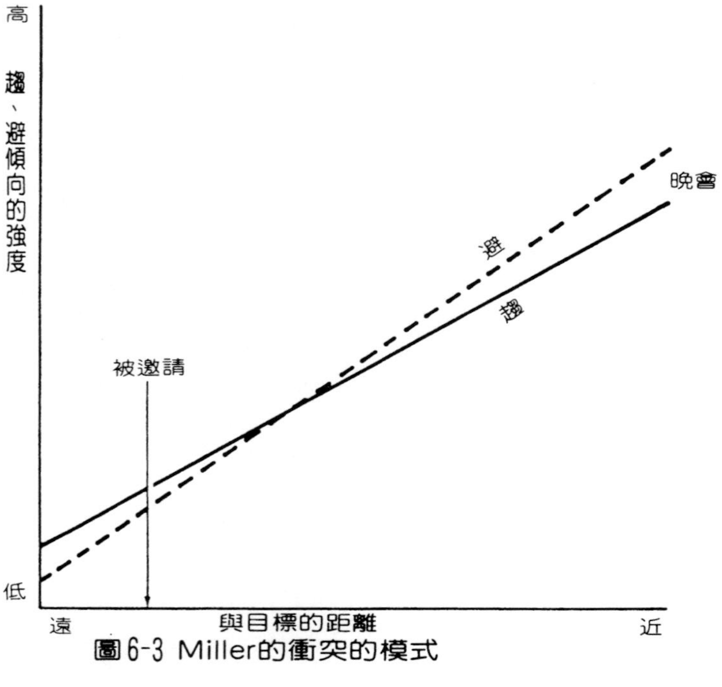

圖6-3 Miller的衝突的模式

個支持他前往業務旅行的理由，那麼就會出現更多的想法來贊同他的理由，直到他選擇旅行爲止。

2．雙避衝突： Miller 的衝突模式也可以用來對付雙避衝突作簡單的預測，並解釋爲什麼我們要用虛綫來表示障礙。基本上，當一個人進退維谷的時候，除非有某種障礙將他困在衝突之中，否則這個人會極力尋求避免這兩個負面的目標的方法。

前例中的那位管理者，必須給部屬不良的考績，否則自己的考績恐怕會不太樂觀。在這種情況下，他可能會想辦法來解決此一困境，例如口頭警告他的部屬。但是，在一個有障礙存在，而管理者本身又無法逃離衝突的情況中，衝突，本質上會產生均衡。也就是說，偏離一個令人不悅的目標，（給工人壞的評價）將使他更接近「另一個」令人不悅的目標（自己得到壞的評價）。但是現在避免自己得到壞的評價的傾向，會強於避免給部屬壞的評價的傾向。因此，管理者被推向第一個令人不悅的目標。在一個逃離的可能性被限制住的雙避衝突中，游疑不定是雙避衝突的主要反應。

3．趨避衝突： 在趨避衝突裏面，我們也可以看到管理者的許多游移不定。例如，有一位管理者深深愛慕他的同事，但同時又害怕自己的感情被他人知道了。在這個例子當中，圖6－3的橫軸就是實體的距離而非時間了。這位管理者很可能會因爲慾念的驅使，而想要接近他的那位同事。但是，一旦他接近的距離到達逃避傾向大於趨近傾向時，他很可能就會退却到趨近傾向再次佔優勢的地方。這位管理者將在趨近傾向佔優勢與逃避傾向佔優勢之間的區域（如圖），來回移動。

游移不定是此一衝突的主要結果。在此，它也許是用輕浮的言行表現出來。

4. 雙（多）趨避衝突： 雙（多）趨避衝突只是單項衝突的複合。同樣的，管理者在趨近或逃避傾向佔優勢時，便偏離或移向目標。游移不定，又是這項衝突的主要結果。這種衝突主要的解決之道是停在原地，等待現實環境改變至趨近傾向很明顯地大於逃避傾向時。反之亦然。

挫折、衝突，與壓力之間的關係

兩個重要的關係需要强調一下。我們已在先前的討論中，暗示了其中之一。爲求完整，我們還要提出另一項。第一是挫折，它是期望目標的無法達成。它主要會產生個人的反應移轉（退卻反應除外）。反應移轉（response shifting）意即個人發現他偏好的行動方案，無法導致期望目標，所以便開始移轉反應，以求得一個可以達成目標的方案。攻擊、壓抑，以及其他所有我們討論的反應，都是反應移轉的例子。

在這同時，有一點必須記住的是：衝突最主要的作用並非反應移轉，而是抉擇能力的喪失。四種衝突中的三種，以及第四種的開始那一段期間，主要的反應都是游移不定，或是抉擇力的減弱。當挫折與衝突相伴時，前者產生反應移轉，而後者產生反應減弱。

第二個觀點是要澄清挫折、衝突與接下來所要討論的現象——壓力之間的關係。挫折和衝突都是施壓物（stressors）。也就是說，當它們日漸加劇，其作用超乎管理者所能忍受時，挫折與衝突就使得管理者置身壓力之中。

壓力

壓力有許多種，心理的和生理的。有與日常生活有關的壓力——年齡的壓力。還有其他的生理壓力，如由吸煙、肥胖、生理疾病所引起的壓力（Selye, 1956）。這些個生理方面的壓力，稱爲系統壓力，這樣稱呼是爲了區別另一種壓力——以心理爲本質的壓力。我們剛剛討論的長期的挫折與人際衝突，正是兩個心理壓力的例子。

一般而言，壓力這個名詞在我們的意思中，指的是一種生理的或心理的狀況。它迫使人們處於緊張的狀態之下，同時將人們驅策至其所能忍受的極限，令其感受到威脅。如此，正如McGrath所指出的（McGrath, 1976），要在世界青少棒大賽的一場決定性比賽中的最後一局，讓一位小球員在滿壘的情況下擊球，對他而言，將是一個極端壓迫的體驗。由於篇幅的限制與我們在本書對心理學的特殊考慮，我們將討論的重點限制在心理而非系統的（或生理的）壓力上。

除了挫折與人際衝突（兩個威脅的可能來源）之外，管理者還有第三種主要的壓力，一般稱爲角色壓力。它包括各種存在管理者本身，或管理者與被管理者之間的衝突、混淆，與失調。這一種壓力對管理者可能是連續而重大的，如果沒有察覺到這一點，很可能會導致許多不良的後果。French and Caplan 描述管理環境如下：（French and Caplan, 1978）

> 大型的官僚式組織，像其它的環境一樣，對個人施加其特有的力量，藉著這些力量的作用，組織乃能將個人的行爲導向某些目標，並將其互動影響導向或引離某些人。當然，這種對組織常模的服從，一般認爲是用薪資買來的。然而，它們的代價往往不止這些。組織爲了迫令成員以某種方式支持其目標，也付出了其它成本。這些成本很少（如果有的話）記錄在組織的季報上。它們就是經營組織的人所罹患與工作有關的病症。*

*From The Failure of Success, edited by Alfred J. Marrow, © 1972 by AMACOM, a division of American Management Association, P.307.

角色壓力

French and Caplan 已經找出一組影響管理者的職業性壓力，茲將其摘要如表 6－1。雖然只有前三個因素直接與管理角色問題有關，但從 4 到 7 這四個因素也都糾結著與管理角色有所關連。角色混淆（role ambiguity）代表管理者沒有足夠的資訊，把工作做好，因此感受到了某種程度的角色混淆。他不明白該要如何執行指定的工作，如何在管理環境當中活動。Webber 提出了角色混淆的好例子（Webber, 1975），某管理者最近才升遷到一個重要的職位，他必須適應新的要求，學習新的行爲，以求成功地扮演此一角色。然而，即使是留在舊的職位上，也可能會有角色混淆。我們也許對我們的行動後果、我們的工作目標、工作範圍、將來人們會要求我們做什麼……等等，感到不確定。再想想那位新近受到委任的人的問題吧！

在一項對 Goddard 太空飛行中心，兩百多位男性行政人員、工程師，與科學家的研究當中，French 和他的同事取了四份有關角色混淆的問卷。他們同時也衡量了員工對工作滿意的程度，以及他們對工作是否威脅其身心健康的看法。當角色混淆增加時，工作滿意的程度降低，然而與工作有關的威脅感却提高了。此外，研究報告指出，當角色混淆提高時，管理者對其自我智能的運用減低，同時他們覺得自己晉升的機會不像以前那麼多。

在 French and Caplan 研究的管理者中，角

表6—1角色壓力摘要

1.角色混淆	管理者的角色不清楚或互相矛盾，包括指派不當。（＋）
2.角色衝突	(a)一個人同時扮演兩個或多個工作要求互斥的角色，或(b)管理者的性格（喜好、能力）和角色的要求有衝突。（＋）
3.角色過荷	角色所要求的總合，超過管理者所能處理的時間。（＋）
4.跨越組織界限	在一個與管理者的專長或角色不相干的地方工作。（＋）
5.對其他人的責任	管理者對其幕僚的責任。（＋）
6.與其他人的關係	與同事關係的好壞。（－）
7.參與	主動地加入組織的決策過程。（－）

注意：（＋）表示這個變數愈大，壓力就愈大。
（－）表示這個因素愈低或愈糟，壓力就愈大。

色混淆的壓力確實產生了許多不愉快的副作用。他們的工作滿意程度普遍低落，他們覺得自己在組織中的晋升機會較少，某些人表現出高度的緊張，並有徒勞無功的感覺，另有些人覺得工作威脅到他們的身心健康。

French and Caplan 也研究了角色衝突的觀念。——表6−2的第二項。他們詢問管理者：他們是否爲相互衝突的要求所苦？與別人相處是否有許多壓力？他們是否常與上級有不同的意見？他們對部屬和秘書的掌握是否有困難？他們是否必須做一些自己不想做的事？在一項以薪水階級（salaried employees）爲樣本的調查研究中，研究者發現，百分之四十八的人覺得他們有時被兩個對工作要求不一樣的羣體夾在中間。百分之十五的人覺得這個問題是經常性的而且很嚴重（Kahn et al., 1964）。關於角色衝突的主要研究發現是：蒙受高度角色衝突的男性（此研究沒有測試女性），也會有低度的工作滿足與高度的工作緊張。處於角色衝突中的管理者，普遍的存在一種無力感。與高度角色衝突伴隨出現的是：同儕間關係不佳，對部屬不滿。又角色壓力會降低工作滿足感，並使人有徒勞無功的感覺，同時可能威脅到其與同儕、部屬的關係。

角色過荷（role overload）表示加在管理者身上的總工作量達到或超過他所能負荷的極限。在太空飛行中心的研究中，French 與他的同事發現負荷過重與許多事項均有關連。從管理者對他們的工作威脅其健康的知覺，到他們的心跳次數與膽固醇含量，都有影響。如此，角色過荷，或必須一次做許多事，很可能會造成管理者心理和生理的緊張。

像所有的人一樣，管理者也有他們不容外人侵犯的領域或空間。就理論而言，推銷員在推銷部門應該會覺得比較自在，而工程師就該在工程部門。French與他的同事推測，偶而或經常在性質不同的環境中工作的管理者（如將一個行政人員置於工程單位），將會比那些在自己熟悉的環境下的管理者，感受到更大的角色壓力。研究結果正如事前的推測，French and Caplan發現，工程單位中的行政人員表現出較多的角色過荷，而且處於限期壓力（deadline pressures）下的時間較長，同時血壓與脈膊次數也比那些在行政部門工作的行政人員爲高。對於在行政部門工作的工程師，也有同樣的情況。French and Caplan寫道：「跨越組織界限，以及在性質不同的領域工作，似乎總會帶來壓力和緊張，並威脅我們的健康。」（P.322）

French和Caplan所調查的第五個因素是管理者對他人的監督職責。在太空飛行中心的研究中，百分之五十九的管理者認爲，自己對別人至少負有某種程度的責任。研究結果發現，對別人所負的責任愈大，抽煙愈多，血壓與膽固醇含量也愈高（當然，後兩個生理因素，意味著心臟病的可能性）。有趣的是，責任與壓力間的關係只有當這責任牽涉到別人時才成立。一位對事物（如電腦）負有許多責任的管理者，並沒有表現出相同的壓力/責任之反關係。

在組織之中，不良的人際關係會影響管理者嗎？很明顯的，它們確實有所影響。那些在組織中對其他人表現出不信任、不支持，以及沒有興趣的人，也都普遍地有較低的工作滿足，並覺得他們的工作威脅到他們的健康。有趣的是，似乎與部屬的關係不佳，並不會產生這些不良的後果。只有當與同儕或上司的關係不佳時，才會有這些個不良的效果產生。

最後，管理者參與組織決策過程的程度，也可能是壓力的來源。那些自覺被無法控制的力量所驅策的人（見第二章），以及那些不太喜歡參與的人，普遍地有較低的工作滿足，較高的流動率，較低的生產力。同時在他們的工作環境中感受到較多的威脅。這些發現，不論是在裝配線員工或管理者的身上，大致上都可以成立。

那麼，總括來說，會影響你的績效的角色壓力有七種。角色混淆、角色衝突，或角色過荷的程度愈高，所感受到的壓力愈大。此外，你很可能也會對你的工作較爲不滿，並表現出生理的緊張，如高血壓或膽固醇含量過高。如果你因爲被指派到一個性質不同的工作單位，而跨越組織界限的話，也會有同樣的情況。你對別人所負的責任愈多，你所承受的心理壓力也會愈大。此外，你與同儕及上司的關係愈是不良，你所能參與的組織決策過程就愈少，而你所承受的壓力也就愈大了。

一般而言，處於長期壓力之下的管理者，會有兩種反應：行爲反應與生理反應。首先讓我們看看比較普遍的行爲反應。然後再去看看，心理壓力的作用對你的身體會有什麼影響。

壓力的行爲反應

當管理者面臨來自於角色要求的長期壓力時，會有什麼反應呢？Webber（1975）對此提出了一份詳細的清單，在此將其摘要如下。*（你或許會覺得 Webber 所列，與我們先前所列有關挫折與衝突的反應，有相似之處。）

*R.A. Webber, *Management*（Homewood, Ⅲ.: Richard D. Irwin, 1975）. © 1975 by Richard D. Irwin, Inc.

- 拒絕工作或辭職。
- 攻擊自己或別人。
- 修正上司、同儕，或部屬的要求。
- 改變自己的期望。
- 選擇式退却。
- 僅向最有權力的人反應。
- 僅向最有權威的人反應。
- 區分要求（雙重標準）。

管理者長期處於角色壓力之下的前兩個，我們已經很熟悉了，這包括拒絕工作或辭職（退却），與攻擊自己或別人（攻擊）。由於我們已在本章一開始討論過退却與攻擊，在此不再進一步做說明。第三種反應是修正上司、同儕，或部屬的要求，即直接面對他們，並告訴他們壓力太多了。Webber 指出，雖然這個反應對面臨壓力的管理者，是最適宜的反應，但是它却因爲組織中的政治與社會因素的緣故，而鮮爲管理者所採用。

管理者可能會改變他的工作期望——管理角色，或他所面對的工作。管理者也可能會降低其對自己或別人的要求，並以這種方式應付壓力。或者，管理者會選擇式地從任務或工作上退却。但是當角色壓力到某一程度以後，他可能就會拒絕任何新的任務。

管理者在角色壓力之下，經常會有的兩種反應是：只向最有權力或最有權威的人反應。你將會在第八章看到，權力與權威並不一定是同一個東西。權力代表資源的控制，而權威感則代表管理階層中的合法地位。在某種情況下，秘書可能是最有權力的，而副總裁則最有權威。當然，角色壓力可以透過一個簡便的方式，加以單純化。那就是：當面臨角色壓力時，養成一種僅向最有能力獎賞我們，或最有權威命令我們的人反應的習慣。

最後，Webber 提出管理者可能會以不理會壓力方式來處理它。即將每一個不同的互斥要求與角色過荷，擺入不同的心理櫃（psychological bin）當中。如此，透過區分要求來處理壓力的管理者，很可能一隻手愉快地簽署公司禁止黑市買賣的道德公約，另一隻手卻忙著賄賂當地的政客，以求在那個國家做生意。能夠有效區分角色壓力的管理者在做兩件互相矛盾的事情時，不會覺得有什麼不對，甚至不覺得它們是互相衝突的。

又什麼是面對壓力最適當的反應？這得要依你個人和環境而定。想要提出一套處理壓力的技術，只是一種天眞的想法。或許我們最好的建議（一般性）是：我們所談過所有處理壓力的方法，都是將你的行動或責任的範圍縮小。退却是最極端的狀況，但修正期望，向最有權力者反應，與其他種種反應，基本上都有縮小的作用。如 Bonoma and Slevin（1978）所指出的，你的兩個主要抉擇是：(1)做少一點，或(2)在你的所有的時間內，儘可能多做一點。拒絕要求或只反應權威者的要求，這是屬於第一類。而有效運用你的時間或保持良好的身體狀況，則是屬於第二類。

壓力的生理反應

從French的研究中，可以明白看出管理者的心理壓力（包括那些來自挫折與衝突的壓力），會產生不良的生理副作用。這些副作用包括高血壓、血清膽固醇含量過高，以及心臟病的素因（predisposition）。Sales所做的一個實驗室實驗（laboratory experiment）（Sales, 1978），表明了壓力對血清膽固醇的作用，並就管理知覺與實際工作負荷之間的關係，提出了一些有趣的觀點。

Sales令受測者過量地或適量地做一些謎題，負荷過重的受測者所接到的謎題，使他們無法在規定的時間內全部做完，而負荷適量的受測者所接到的謎題，因爲數較少，可以從容地完成。此外，在實驗完畢之後，Sales詢問他的受測者，對工作份量的看法爲何？也就是說，他們主觀上是否覺得工作負荷過重？Sales同時測量受測者的血清膽固醇含量，做爲壓力的指標。

他的結果如表6－2所示。表中指出，如果你負荷過重，那麼不管你的感覺如何，你都會受到壓力。（由測量你的血清膽固醇的含量得知）然而，這結果進一步指出，如果你覺得負荷尚未過重，而事實也是如此，那你也會受到壓力。如果事實上你的負荷並未過重，但你卻覺得負荷重，那你將不會受到壓力。換句話說，工作負荷過重會產生壓力。但如果知覺與事實一樣，都是工作負荷未過量時，也會產生壓力。很顯然的，因爲你覺得你並沒有盡全力在做，所以你也受到壓力。受測者唯一不受壓力的時候是：當他們的工作量實際上並未過重而自覺負荷過重的時候。那些實際工作負荷輕，而知覺此一負荷重的受測者，是所有可能情況中最好的一個。而這其中的訣竅，很明顯的，就是做一個實際上沒什麼工作，卻又自覺工作很多的管理者。

範例6—1裝配線的歇斯底里

在大湖區的一個大工業城，工人們站在裝配線旁，將冷凍魚裝成一個個箱子。忽然有人說聞到一股怪味兒，幾分鐘內，工人就生病了。受害者（大份是女性）有嘔吐與頭昏的現象，同時呼吸也有困難。有些人好像病得非常嚴重。但是調查員却找不出他們生病的原因何在?（Psychology Today, June 1978, P.93）

在一期 Psychology Today 裏面，研究者 Michael Colligan and William Stockton 報導了四件「因心

表6—2 Sales結果：就看你怎麼做、怎麼想

	血清膽固醇含量	
	受測者感覺負荷過重	受測者感覺負荷尚未過重
負荷過重的受測者	大幅昇高	微微昇高
負荷尚未過重的受測者	大幅下降	大幅昇高

結論：

- 如果你負荷過重，不管你的感覺如何，你都會受到壓力。
- 如果你覺得負荷量未過重，而實際上也是如此，那你將會受到壓力。
- 如果你尚未負荷過重，而你却覺得負荷過重，你將不會受到壓力。

理而引起的集體病症」（或稱爲裝配線的歇斯底里）的案例。工人們（幾乎都是女性）在「一股怪味兒」或其它刺激之後，同時表現出嘔吐、頭痛與呼吸困難等症狀。這四個案例當中，都沒有發現任何化學物質或其它原因來造成此一症狀。

研究者認爲，當工人處於下列生活或工作壓力之下時，就可能發生這種集體病症：

- 因執行重複性工作而產生的厭煩。
- 增加生產的壓力。
- 管理階層與勞工的關係不良。
- 由於工作環境，同事間無法溝通。
- 家庭與工作對職業婦女的要求互相衝突。

同潰瘍一樣，裝配線歇斯底里是因壓力而促成的，但它與潰瘍不同的是，它會同時影響一大羣工人。

關於心理壓力，最基本的研究發現（如角色壓力、衝突與挫折）是：當這些壓力趨於長期時，便會導致某些生理的變化。這其中最明顯的改變是血清膽固醇含量、血壓，與脈膊跳動速度等等，這些都是生理壓力的跡象。更進一步說，上述所有的因素，很可能都是管理者心臟病的肇因（Caplan, 1978）。因此，我們應該明白，所有的心理壓力都會引起生理上的副作用，破壞你的健康。範例6–1所列的是一個有趣的例子，它敘述裝配線員工，因心理壓力而造成的集體病症。

壓力的診斷

醫科學生經常會罹患「醫生病」（doctor's disease）。當教授指定他們研讀某些疾病的病理時，他們會想像自己正呈現此一疾病的各種病癥。雖然挫折、衝突與壓力的關係只是一種全般性的狀況，不能對個人做任何論斷，但是我們還是有自我診斷的工具，特別是用來衡量壓力水平的工具。然而，在你或你的部屬塡表以前，請先仔細地讀完下列文字。

多年以來，學者發現壓力水準（以生活改變或日常生活改變爲指標）與其後的生理疾病，有一層微弱而可靠的關係，同時又具有循環性。我們說微弱，意思是就統計而言。並非每一個（或幾乎每一個）經歷過多生活變故的人，其後（其後兩年）都會得到重大的疾病。但是這層關係是有的，而且能夠加以衡量。例如見Selye, 1956；概念性的討論可參考Holmes and Rahe, 1967；Bonoma and Slevin, 1978，至於評論及研究，則可參考Kobasa 1979。這種關係在管理者（Kobasa, 1979）、運動員（Holmes and Masuda, 1974）、海軍人員（Rahe, 1974）以及一般羣衆（Jenkins, 1976），都有所發現。

表6–3所列的是Holmes and Rahe（1967）的生活壓力事件分析表，它包括四十三個來自日常生活的可能壓力，以及研究者所發現各個生活變故應給的單位數。要衡量你自己，只要將你近一年來所經歷的每一生活事件打勾，然後計算單位數的總合即可。文獻上的一般說法是：生活變

故的單位數愈高的個人（包括管理者），在其後兩年內罹患的生理疾病也較多。當你所獲得的單位數增加時，這種關係愈强，若單位數超過三百，表示已達到重大的壓力水準（Holmes and Rahe, 1967）。有一點值得注意的是正面的（結婚）與負面的（離婚）生活變故都會產生壓力。決定的因素並非這改變受不受歡迎，而是所經歷的變故的單位總數。

好了，如果你在這個分析表所得到的分數很高，你不該因而就說你必定或可能很快就會生病了。首先，這研究只是一種一般狀況，並非針對任何個體。其次，有許多最近的研究指出（Kobasa, 1979），你是否受到壓力，你如何處理它以及它會不會造成疾病，除了你所經歷的變故的單位總數之外，還得看你對變故的態度以及你的人格如何而定。Kobasa 以一家大公司大約一百六十一位男性管理者爲樣本，讓他們做 Holmes/Rahe 分析表，並要他們在一次標準化的調查中，報告他們的疾病狀況。她將管理者分爲高壓（high-stress）羣體與低壓（low-stress）羣體（分析表的分數306以上及以下），以及高度與低度疾病水準。她發現，在高度壓力水準之下，管理者是否罹患的基本決定因素與受測者的「强度」（hardiness）很有關係。根據她的標準（Kobasa, 1979），强度有許多要素，其中最主要的有三項，强韌的管理者會以下列方法達成生活中所需的再調適：(a)明白的價值觀、目標感與能力感……(b)積極投入外在的環境的强烈傾向。

强韌的管理者的另一個重要的特徵是，不可搖撼的意義觀（sense of meaningfulness）以及利用生活計劃來衡量生活變故的影響的能力。

內控（internal locus of control），使得强韌的經理人能夠以一種「事情的發展如何，端視你怎麼樣去處理它」的體認，去迎接變故。由於這些理由，他不會只是變故的受害者而是其後果的主宰者。

如此，雖然壓力、衝突，和挫折的反應確實有一部分決定於我們所經歷的變故的單位總數，但它也有一部分決定於我們的「韌度」（用 Kobasa 的詞彙說），而這韌度正是我們的人格和態度的總合反映。

摘要

我們所討論的挫折、衝突與各種角色壓力，都會對管理者造成不良的作用。這些作用可能是生理的亦可能是心理的，它的種類則由緊張到心臟病，不一而足。更進一步說，每一種壓力都會產生一組典型的行爲反應。管理者就運用它們來應付壓力。這些反應通常包括退化、退却，以及其它類似的反應。圖6－4（採自 French and Caplan, 1978）摘要了我們所討論的各種壓力，它們對管理者所造成的壓力，以及管理者的行爲反應和生理作用。

要提供你減低壓力水準的建議是非常困難的。這是因爲：(1)反應的適當與否和你個人的條件，以及所處的情況，非常有關係。(2)生理與心理的壓力和作用，是交互作用的。所以，除了考

表6—3 生活壓力事件分析表

生活事件	平均數
1.配偶死亡	100
2.離婚	73
3.分居	65
4.牢獄之災	63
5.家族近親死亡	63
6.個人身體有重大疾病或傷害	53
7.結婚	50
8.工作被開革	47
9.與配偶言歸於好	45
10退休	45
11家庭成員的健康或行爲有重大改變	44
12懷孕	40
13性行爲困難	39
14家中有新成員產生	39
15事業上有重大改變	39
16財務狀況重大改變	38
17好友死亡	37
18改變行業	36
19與配偶爭論的次數有重大的改變	35
20借款超過$一〇〇〇〇	31
21負債沒還，抵押被沒收	30
22職務上責任有重大改變	29
23兒女離家了	29
24官司問題	29
25個人有傑出成就	28
26太太開始或停止上班	26
27開始或停止接受學校教育	26
28生活環境有重大改變	25
29個人習慣有重大改變	24
30與上司衝突	23
31工作時間或方式有重大改變	20
32搬家	20
33轉學	20
34消遣活動有重大改變	19
35宗教信仰活動有重大改變	19
36社交活動有重大改變	18
37借款少於$一〇〇〇〇	17
38睡眠習慣重大改變	16
39家庭成員相聚人數有重大改變	15
40飲食習慣有重大改變	15
41長假期	13
42聖誕節	12
43輕微觸犯法律	11

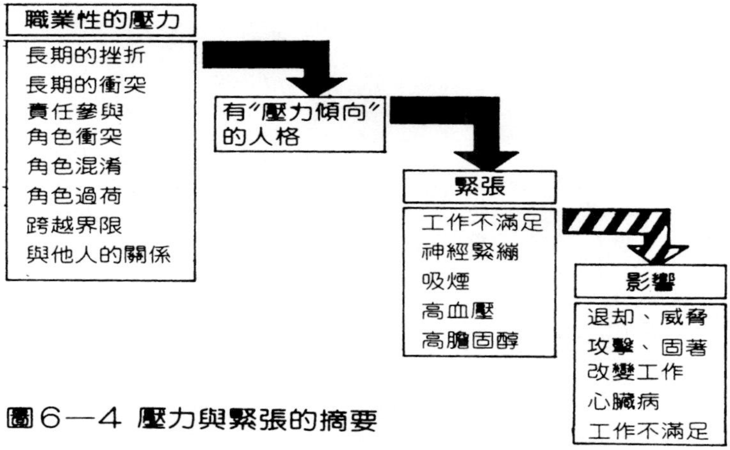

圖6—4 壓力與緊張的摘要

慮特殊情況外，尚須將飲食、運動，以及生活型態列入考慮。通常，所謂長期的角色壓力的醫療，需要改變整個角色環境。Friedman and Rosenman（1974）與 Bonoma and Slevin（1978）的研究，都對壓力的處理提供了很好的建議。

也許我們所能提供給你最好的建議是：去知道你的極限在那裏？去明白什麼時候各種挫折、衝突，與角色壓力（這些都在打擊你），會超過限度？你可以用你的工作滿意程度、你緊張的程度，或其它我們所談過的指標，來衡量你的壓力/角色環境以及你的感受、你處理的方法。當你覺得自己已經接近或超過自己的能力時，考慮一下我們上面所提的通則。如果這些方法都不適合你，那麼也許你該開始考慮做選擇式的退却，亦即拒絕任何超越你的極限的任務，因爲它們可能帶給你更多的壓力。要不然，你最好考慮換個新的工作。

本章參考書目

Argyris, C. *Personality and Organization.* New York: Harper and Row, 1957.
Atkinson, J.W. *An Introduction to Motivation.* New York: Van Nostrand, 1964.
Bonoma, T.V., and D.P. Slevin. *Executive Survival Manual.* Boston, Mass.: CBI Publishing Co., Inc., 1978.
Cofer, C.N., and M.H. Appley. *Motivation: Theory and Research.* New York: Wiley, 1964.
Colligan,M., and W. Stockton. "Assembly–line Hysteria." *Psychology Today* (June 1978): 90ff.
French, J.R.P. and R.D. Caplan. "Organizational Stress and Individual Strain." In D.W. Organ (ed.), *The Applied Psychology of Work Behavior,* pp. 307–340. Dallas: Business Publications, Inc., 1978.
Friedman, M., and R.H. Rosenman. *Type A Behavior and Your Heart.* New York: Knopf, 1974.
Guest, H. "A Neglected Factor in Labor Turnover." *Occupational Psychology* 29 (1955): 217–31.

Holmes, T.H., and R.H. Rahe. "The Social Readjustment Rating Scale." *Journal of Psychosomatic Research* 11 (1967): 213–18.

Holmes, T.H., and M. Masuda. "Life Change and Illness Susceptibility." In B.S. Dohrenwend and B.P. Dohrenwend (eds.), *Stressful Life Events: Their Nature and Effects.* New York: Wiley, 1974.

Jenkins, C.D. "Recent Evidence Supporting Psychological and Social Risk Factors for Coronary Disease." *New England Journal of Medicine*, 1976, 294, 1033–1034.

Kobasa, S.C. "Stressful Life Events, Personality and Health: An Inquiry into Hardiness." *Journal of Personality and Social Psychology* 37 (1979): 1–12.

Kahn, R.L., E.M. Wolfe, R.P. Quinn, J.D. Snoek, and R.A. Rosenthal. *Organizational Studies in Role Conflict and Ambiguity.* New York: Wiley, 1964.

Lewin, Kurt. *A Dynamic Theory of Personality: Selected Papers.* New York: McGraw–Hill, 1935.

McCall, M., A.M. Morrison, and R. Hannon. "Studies of Managerial Work: Results and Methods." Technical report #9. Greensboro, N.C.: Center for Creative Leadership, 1978.

McGrath, J.E. "Stress and Behavior in Organizations." In M.D. Dunnette, (ed.), *Handbook of Industrial and Organizational Psychology.* New York: Rand McNally, 1976.

Mann, F., and H. Baumgartel. *Absences.* Human Relations Program, Series 1, Report Two. Ann Arbor, Mich., December, 1952.

Miller, Neal E. "Experimental Studies in Conflict." In J. Hunt (ed.), *Perponality and Behavior Disorders*, pp. 431–65. New York: Ronald, 1944.

Mintzberg, H. *The Nature of Managerial Work.* New York: Harper, 1973.

Pirsig, R.M. *Zen and the Art of Motorcycle Maintenance.* New York: Bantam, 1974.

Rahe, R.H. "The Pathway Between Subjects' Recent Life Change and Their Near–Future Illness Reports: Representative Results and Methodological Issues." In B.S. Dohrenwend and B.P. Dohrenwend (eds.), *Stressful life events: Their nature and effects.* New York: Wiley, 1974.

Sales, S.M. "Organizational Role as a Risk Factor in Coronary Disease." In D.W. Organ (ed.), *The Applied Psychology of Work Behavior*, pp. 341–59. Dallas: Business Publication, Inc., 1978.

Selye, H. *The Stress of Life.* New York: McGraw–Hill, 1956.
Walker, C.R., and R.H. Guest. *The Man on the Assembly Line.* Cambridge, MA: Harvard Univ. Press, 1952.
Webber, R.A. *Management.* Homewood, Ill.: Irwin, 1975.

提要

第2篇 互倚性衝突與影響力

在第二篇我們討論的重點，將從純粹的個人移到管理分析中最小的「社會」單位 — 二人羣體。第七章和第八章討論的是有關這些基本社會的現象。而第九章則討論羣體的領導者。第七章討論互倚性、社會衝突，與權力等重要的社會與管理觀念。它的基本觀念是：我們所有的行爲後果，均受他人行爲的影響。同時，這些相依的關係一般有四種類型。更進一步說，因爲人是自私的動物（請參考第三章），所以我們會發覺自己往往和其他與我們有互倚關係的人，處於社會衝突之中，此外，爲了在此一衝突之中稱心如意，我們會將我們的企圖建立在某種權力基礎上。對於這種用來在社會衝突中獲致利益，或者解決此一衝突的影響行爲，在第八章將有詳細的探討。而第七章僅爲此一討論做準備。

在第八章中，我們將討論强硬的和溫和的影響力模式，以及其他公司中較爲少見的影響技巧。這一章着重在影響技巧的探討。但仍有一節討論影響力的運用的道德意義。

第九章則將討論在各種情況下，使用規則化的影響力所產生的問題。它的基本結論是：沒有任何一位管理者能在各種情況下，無往不利地領導，而且領導者的效能往往同時決定於被領導者及其所執行的任務。

第七章　互倚性衝突與權力

在我上班的地方，我最怕五個人，而這五人中的每一個人又分別怕四個人（不包括重複），總共是二十人。這二十人中的每一個又分別怕六個人，因此一共是一百二十人。這一百二十人中的每一個人又分別怕其他的一百一十九人，總合來說，上述這一百四十五個人全都怕十二個高階主管。這些人創造公司，擁有公司並且眞正領導公司的運作。

——Joseph Heller, Something Happened.

當 Joseph Heller 寫這些句子的時候，他對人們或公司的想法可能不夠厚道，但 Heller 的確描述了一個人類生活的基本事實：我們每個人可能得到的獎賞或懲罰，不但受自己的行動與感覺的影響，同時有一大部分決定於他人的行動和感覺（請參考第四章）。當然，我們的行爲也會影響他人所得的獎賞或懲罰的質和量。本章所要討論的是在我們所處的這個複雜的社會網中，我們任何追求私利的行爲（那怕只是最輕微的行動），都會影響到我們周圍的人，反之亦然。這種對自己的命運只有部分影響力的現象，這種無法完全掌握自己的行爲後果的現象，我們稱爲社會互倚性（social interdendence）。

社會互倚性

讓我們來看看 Mary Talbot 的情況吧！她剛在 Criton 工業公司的會計部門獲得一份差事。起初 Mary 可能並不明白她的績效及最後的成敗，除了要靠自己的努力外，還受他人行爲的影響。她的上司對她的行爲當然是個重要因素。他派給 Mary 的工作可能恰好與她的能力相當，因此使她能一展所長。但是一個對女性有歧視的上司，就可能做出相反的事，或者高階管理者可能有其他的態度，而這些態度 Mary 無從知道，也無法控制。假若現在的主管出身會計部門，那麼這可能會對 Mary 的晋升有所幫助。然而，假如他是一位行銷專家而且認爲會計功能已漸漸失去控制，或者認爲這個部門去年已安置太多人，那 Mary 的晋升可能就不太樂觀了。

在此我們無法預測，或者解開你所面對的管理社會和互倚的獨特網路。本章所能做的，是提供你一個架構，以便了解一些較爲簡單而直接的互倚關係。而這些都是我們常遇見的。爲了將一些管理環境中較爲特出的特質與我們先前所說的人類動機（第三章）整合起來，我們將先探討「社會現實的本質」（the nature of social reality）。然後，我們將討論互倚性的內容，並列舉幾個準則，以劃分和了解你的行動與他人的行動間的關係。最後我們考慮一個在管理生活與個人生活中極爲常見的互倚關係，社會衝突的例子。我們對互倚性、衝突，和影響力之間關係的討論，乃是在爲第八章做準備。在那裏，我們將提出一些有效控制互動行爲的後果的技術，以便使我們所得的利益達到最大。

社會現實的本質

要了解社會的的現實（reality）必須記住以下三點：

- 我們所過的生活，其基本特徵是社會的（social），也就是説，幾乎我們所做的每一件事都與他人有關。
- 我們在相當大的程度内，都是自私的動物（self being）。我們的行動，爲的是要求取最大的利益（我們所認爲的），以及最小的損失。

●這個世界和它的資源是有限的。而在生活中，往往沒有足夠的資源滿足大部分人們的需要。

雖然上面每一點都很簡單，但是它的影響却很大。現在讓我們一一加以討論、解釋，當他們與社會互倚性相連時，對管理行動的意義爲何，並將他們與我們以前所討論的動機和人格結合起來。

社會的動物

社會心理學家 Solomon Asch 在一九五六年發表了一篇著名的研究，說明了人的行爲對他人的影響力。使 Asch 的研究如此重要的原因是，它不包括管理績效的判斷，或者另一個人是否在生氣，也沒有其他任何曖昧不明的社會現象。它所用的是一種非常直接的方法，也就是所謂的「客觀事實」（objective reality）——去判斷圖7－1所示線段的長短。

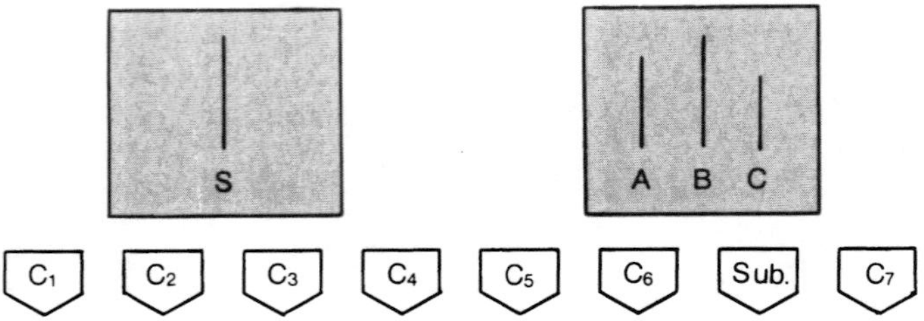

C＝實驗同仁
Sub.＝受測者

圖7-1 那一條線的長度與S的長度最接近

在他的研究裡，Asch讓一個不知道實情的受測者，參加一個由七位實驗同仁所組成的羣體。這七個人已經知道如何處理他們的答案。而受測者的位置，總是被安排在回答次序的倒數第二個。這樣，在他回答之前，便有機會聽到前面六個人的答案。

這位受測者與七位實驗同仁，一共看了十八組類似圖7－1所示的圖片。他們主要的工作是判斷那一條線的長度與標準線最接近（S）。十八次中有六次實驗同仁所給的是正確答案。但是另外的十二次，實驗同仁做了一致的錯誤判斷。如在圖7－1中，實驗同仁便會一致地說A最像S。很顯然的，這將使受測者感到爲難。他所面對的事實是：已經有六個人做了堅定而一致的判斷，但這判斷明明是錯誤的！當受測者處於這種困境的時候，有將近百分之八十的人，在十二次當中至少有一次同意實驗同仁的錯誤判斷（見第十章）。平均來說，十二次的測驗當中，受測者同意的次數爲四到五次。在測驗後的談話中，受測者說，當他們看到那些線段時，主試者的要求回答及其他受測者的一致判斷，使他們無所適從。大多數的受測者（至少有些時候）會決定同意他人的判斷，而否定了他們自己對這個簡單的客觀事實所做的判斷。

這個實驗的重點並不在於人類會忽視他們明知爲正確的事實，而在於他們會受他人言行的影響。假如要讓人們在一個簡單的現實判斷中，追隨很明顯是錯誤的判斷，就像Asch所弄的那麼簡單的話，那你不妨想像一下他人的意見或行爲，對我們所做績效評估的判斷，或者是升遷決策，甚或決定是否增雇人員時的影響。

當然，我們也可以對Asch的發現加以質疑：倘若受測者獨處一室，或僅面對一個、兩個或三個錯誤的答案時，他會怎麼做呢？這個論點認爲，我們與他人的意見和行爲愈是隔離，我們行爲後果受他人的影響也就愈小。但問題是我們與他人隔離，可能嗎？

試想假如你將「獨處」定義爲不去思考、計劃、談論、夢想，或不眞正與他人從事互動行爲，那麼你可以稱得上是獨處的時間有多少呢？大多數的人在被問到這個問題的時候，都認爲他們只有百分之一到百分之十的時間可以算得上是獨處。

管理者眞正（或預期）花在互動行爲中的時間非常多，這一點 McCall, Morrison 和 Hannon (1978) 已經提過了。在他們對管理文獻所做的討論中（專就眞實互動而言）指出，管理者有的時間花在開會或非正式的討論上。另外有百分之四的時間花在電話上，合起來大約有百分之七十五的時間花在互動行爲上。

我們的身體和我們的教育都讓我們覺得，我們所做的事情大都是在個別的、獨立的基礎上完成的。然而歸結說來，我們的思想、意見、感覺或行動，或多或少都受到我們周圍的人的影響。因此，重要的問題在於我們是否能夠有效地處理這些互倚關係。

人是自私的

在第三章，我們提到一個動機的基本原則，稱爲成本——收益原則。它認爲除非有特殊的影響因素，否則我們大部分人都會以一種追求我們所認爲的最大利益及最小損失的方式行動。我們在研究互倚性的時候，重申這個人類行爲的特點，爲的是要澄清：若要瞭解、預知，並找出處理互倚關係的方法，那麼最基本的就是去明白這些互倚的人的目的與目標。因此，我們必須特別注意每一個人的特定目標。隨著這些人的目標衝突或一致的程度，他們的互動行爲也將是合作或競爭的。

資源是有限的

就我們大家所希望得到的資源而言，社會互倚性的複雜度，與追求最大利益的管理者所從事的工作是息息相關的。我們的需求多半是大同小異的，因此，對於資源的需求往往會超過供給。當然也有些有被虐待狂的人，能從一般人認爲是處罰或痛苦的事情中自得其樂。對於這些人而言，資源是不會匱乏的。但是大半的人都會希望得到管理上的升遷、權力、聲望、金錢和其他成功的附屬品。如此，大部分人所需求的東西大概不會有太大的差異，也就是說我們的目標是相似的。因此，管理者應該特別注意那些由共同目標所產生的互倚關係。共同的目標正如其影響競爭、合作和協調一樣，它也能導致衝突（Brickman, 1974）。

互倚性的特徵

儘管互倚性及互動（interaction）似乎是一種單向度（one dimensional）的現象，但他們之間的關係並不像乍看之下那麼簡單。根據社會心理學家Jones及Gerard (1967)的研究，互動行爲至少有四種傳統型態。此外，不管其型態爲何，決定互倚關係的本質的變數有很多。當然，在管理與社會生活當中，某些互動型態會出現得較爲頻繁，這一點我們在後面會有所討論。事實上，他們將是本章最後一個部份及第八章的基礎。現在，讓我們開始討論互倚性與互動的關係，以及人際間互動的各個型態。

互倚性與互動

正如Thibaut和Kelley (1959)所定義的，互動是一個人在他人看得到或聽得到的情況下的行爲。雖然乍看之下，互動（聯合行爲）與互倚性（行爲所造成的部分聯合結果）是同一個東西，但如圖7－2所示，這種看法未必正確。實際上，一個Boston的軋鋼工人與XYZ鋼鐵公司、鋼品製造商，及銀行（甚至是聯邦準備銀行），都有互倚關係。但是要一位這樣的技工，跟上述任何羣體的代表，在當地公司以外的地方有個別的互動行爲是極不可能的。同理，這技工和他的家人是互倚的，同時也有互動行爲。雖然互倚性與互動往往伴隨著出現，但是它們並不完全如此。因此，互倚性（或者是能夠相互影響其行爲後果）並不是互動的充分或必要條件。反之亦然。

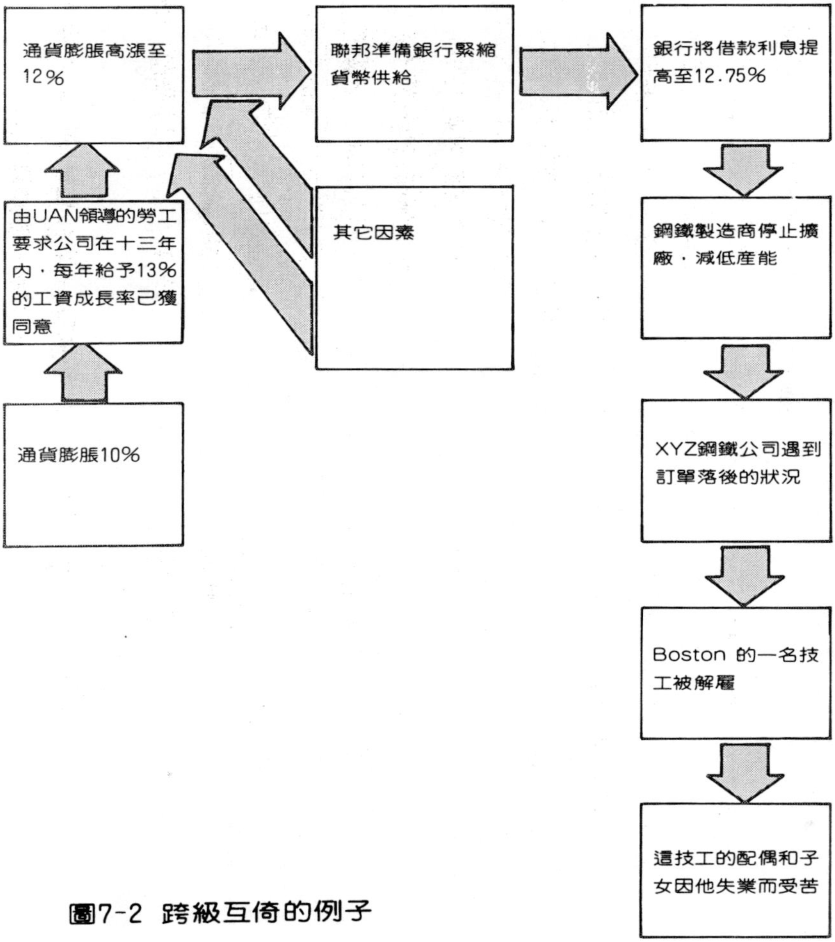
通貨膨脹高漲至12％
聯邦準備銀行緊縮貨幣供給
銀行將借款利息提高至12.75％
由UAN領導的勞工要求公司在十三年內，每年給予13％的工資成長率已獲同意
其它因素
鋼鐵製造商停止擴廠，減低產能
通貨膨脹10％
XYZ鋼鐵公司遇到訂單落後的狀況
Boston 的一名技工被解雇
這技工的配偶和子女因他失業而受苦

圖7-2　跨級互倚的例子

表7－1所定義的四種互動型態，是從互倚性非常低的假性互動（第I型）到互倚性極高的共同互動（第Ⅳ型）。

第I型：在第I型假性互動中，個體的互倚性很低。甲和乙兩人並不像一般人互相反應，而是幾乎像演員在唸劇本一樣，每個人依據他預定的計劃來行動。而且只有在情況需要另一個「角色」來扮演時，才需要對方。真實生活中的假性互動的例子很多。例如，顧客與侍者間的互動，推銷員與接待員或計程車司機與乘客間的互動。每個個體，雖然是在他人出現時才有所行動，但它只需要另一個體完成自己的計劃即可。乘客需要司機的「到那裏？」以達成他的計劃。他需要司機的駕駛技術送他到機場去，在這過程中，也許會隨便聊聊，藉以緩和一下這陌生人對陌生人的互動。除此之外，司機的個人特質與互動行動是無關的　（除非他所扮演的超出他角色的範圍很多。

表7－1　互動的四種型態

互動：當一個人在他人看得到或聽得到的情況下行動	
互動型態	互動內容
1.假性互動（低度互倚性）	甲和乙並不相反應，只像演員在唸劇本一樣。他們每個人都有他自己的預定計劃可以遵循。例如，計程車司機與乘客，理髮師與顧客、接待員與推銷員。
2.反應性互動（中度互倚性）	甲或乙只對另一個人的上一個行動反應，既沒有計劃，也沒有策略。例如，初學象棋的人，銷售談判的生手。
3.非對稱性互動（中度互倚性）	甲的行動是第一型的（假性互動），而乙的行動則是第二型。例如，結構化的面談或績效評估。
4.交相互動（高度互倚性）	甲與乙各有完整的計劃。而且都會因他人的行動，修正自己的策略。例如，日常生活的一般互動。

請參考第六章或十一章)。乘客的計劃直到這種以角色爲基礎的交易結束演完才算完成。

第Ⅱ型:第Ⅱ型(或反應性互動)的結果其互倚性較高,但是互倚的方式不太一樣。在這種互動當中,大家都沒有計劃,而只是依著對方的行爲作反應。因此,對方的上一個行爲來得特別重要。舉例來說,一個銷售談判的生手,在與顧客談判之前可能不會刻意去發展一套攻擊計劃;假如這顧客也是一個沒有自己計劃的新手,那麼他們的交易幾乎將是純粹的第Ⅱ型互動。也就是說,兩方面都會因著對方的一個提議作反應,直到談判達成協議或擱淺爲止。對於如何使談判結果與自己的抱負、目標或計劃一致,雙方面並沒有或很少作考慮。從某一個角度來看,第Ⅱ型互動中的人,對於他們行爲後果的形成,極爲依賴他人的行爲,而較不倚靠自己的行動。

第Ⅲ型:第Ⅲ型(或非對稱互動)是第一型與第二型的組合。其中一人的行動(就像是假性互動)是由預定的計劃所指引的。這個人對另一個人的反應只到達其計劃所需的程度。相反的,另一人的行爲,就像第Ⅱ型(反應性互動)的人一樣,沒有什麼計劃、策略。基本上這個人只是因著對方的上一個行動作反應。非對稱互動的一個好例子是結構化面談(structured interview)。在此,某人從問卷中將問題唸出來,讓另一個人回答。這個人只能回答問題而沒有計劃或整體行動的一致性。另一個例子是績效評估。在此例中,領班只是把部屬找來,然後從檢核表上唸出一大串有關部屬的優點與缺點。這部屬只能在這個有計劃的「會談」稍稍停頓時,才以一種含糊的、防衛性的口氣找藉口來作辯護。在第Ⅲ型互動結束的時候,這個人會覺得自己一直被玩弄於股掌之間。

第Ⅳ型：最後，當然也是生活中最常見的互動行爲是交相互動（mutual interaction）。在這種互動行爲中，兩方面有完整的計劃或策略。但是在互動過程中，每個人也對他人的行動作反應，同時因他人的行爲而修正自己的策略。幾乎所有的一般性互動，包括從非正式的懇談（water cooler conversation）到正式的經理人員會議中的行爲，都屬於這類型。

在考慮橫跨這四類型的其它變數時，我們將集中在交相互動上。但是值得注意的是：某些行爲並不適合這個類型，而應將其歸類爲假性互動、反應互動，或非對稱互動。雖然，在管理生活中，並沒有所謂最好的互倚類型。但是一位成熟而有效率的管理者，所最常從事的是第Ⅳ型——共同互動。他們既不會把他人當作他們完成計劃的陪襯體，也不會單純地只對他人的行爲做反應。

目標的並存性（Compatibility of Goals）

在任何情況下，一旦衡鑑了互動的基本型態，你就必須要了解你的目標與他人的目標相配合的程度。而在互倚的環境中，只可能出現三種關係：你的目標與他人的目標是(1)完全並存，(2)完全互斥或(3)一部分並存，一部分互斥。讓我們一一加以討論，因爲它們每一個都代表一種不同的社會衝突。

完全並存的目標：在圖7－3左上角的協調問題中，兩位朋友一直在電話中交談。突然間，線路中斷了，他們的談話中止了。這時，他們的問題是：誰打回來？如圖7－3所示，如果兩方面同時想要打回來，那麼結果必然是「通話中」，打不成這電話。我們將這種情況概念性地給予每人負5分，如方格的左上角所示。同樣地，假若這兩人都認爲對方會打過來，因而決定等下去，那麼這電話也打不通。每個人都各得負5分，如方格的右下角所示。如此，這兩個人的基本問題便是：想辦法協調一下他們的行動，以便進入方格的右上角或左下角，而將這電話說完。也就是其中一個人必須等下去，而另一個人必須打回來。Thomas Schelling (1960) 在討論這個難題的時候指出，雖然雙方面的目標是完全並存的，但是他們仍然有協調的問題。當然，解決的辦法是很明顯的，即原先打電話的人應該再打回來，而原來接電話的人，則應該等下去。如此，兩方面都可以得到正5分。假如兩方面都打，或者都等待，那麼問題也就無法解決。

當然，當目標並非完全並存時，很可能會將它們看作是完全並存的。例如，在電話困境中，假若兩個人之中有一個不想再談下去了，那麼這衝突就不是協調的衝突了。在這種情況下，很可能又有另一套完全不同的行爲了。協調的問題，在管理上是很常見的。例如，兩位大忙人想要安排一次約會，但是卻無法找出兩個人同時有空的時間。上述方格中的結果，有一個重要的特質，那就是兩方面所得到的分數都是相等的。

完全互斥的目標：協調的問題與圖 7－3 的第二個方格所示之純粹衝突或目標互斥的狀況是直接相對的。在這種情況下，甲所獲得的，就是乙所失去的。因爲他們的目標是完全互斥的。在我們所列示的衝突中，兩位管理者有相同的機會可以獲得某一晉升。如果兩人都在想辦法得到這個職位，那麼只有其中的一位可以達成目標。爲了說明方便起見，我們假定甲管理者在這方格的左上

乙 \ 甲管理者	打電話	等待
打電話	-5・-5 通話中	+5・+5 完成通話
等待	+5・+5 完成通話	-5・-5 不通

1.協調的問題：
誰打回來？

甲管理者 \ 乙管理者	努力	沒有努力
努力	1・-1 甲或乙贏	1・-1 乙輸
沒有努力	-1・1 甲輸	0・0 雙方都沒得到新工作

2.衝突問題：
誰獲得新工作？

甲囚犯 \ 乙囚犯	不認罪	認罪
不認罪	1・1 雙方都被控以較輕的罪行	10・0 甲被從重量刑
認罪	0・10 乙被從重量刑	5・5 雙方都被判以中期的徒刑。

3.混合目標：
囚犯難題。

圖7-3 互倚關係的三類型

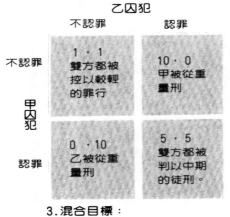

角中獲得晋升。而乙沒有努力爭取這個工作（右上角）時，他就無法獲得這工作。假若乙努力了，而甲却沒努力，那我們就進到左下角這個小格子裏來。必須注意的一點是：假定他們之中至少有一個面對此一情況，那麼他們的行爲後果便是相等而相反的。同時，假若他們之間沒有人遭遇這種情況，那麼就沒有衝突存在了（我們可以假定高階主管讓這個職位從缺，因爲似乎沒有人想要昇遷）。

像這種目標不能並存的情況（在互動中，你的得就是我的失）稱爲零合衝突（Zero-Sum Conflict）。如果你想要瞭解我們爲什麼要如此稱呼，只要將各個小格子的分數加一加即可明白，它們加起來都等於零。因爲在這種情況下，衝突是雙方得出結果的唯一方法。

正如協調問題一樣，衝突在管理中往往不易看出來。衝突問題並不總是零合的衝突。儘管公司內的生產部門和行銷部，同樣是爲了追求利潤的極大化，然而當行銷部門要把產品漆上好幾種顏色（顧客希望如此），而生產部門爲求效率只願用一種顏色時，上述利潤極大的事實就很容易被遺忘。或者，像發生在生產線管理者（他需要有迅速行動的彈性與權威）與幕僚專家（他所考慮的層面可能比較廣，因此將生產線管理者視爲不守規距的牛仔）之間的傳統衝突，看起來似乎是零合衝突，但實際上却可能是混合目標所引起的衝突。

混合的目標：你必然已經明白，純粹的協調與純粹的衝突問題，在實際的生活中並不多見。我們的目標與他人的目標很少有完全一致或完全不一致的時候。確切一點說，當兩個人以互倚的方式做互動時，他們的目標通常會有一部分是能並存的，而另一部分是互斥的。圖7－3的第三個方格說明了這種常見的衝突。在此我們將它稱做混合動機的衝突問題，並以囚犯困境（Prisoner's dilemma）來說明此一狀況。囚犯困境的原始說法是這樣的（Luce and Raiffa, 1957）：

兩個嫌犯被隔離拘留，而地方法院檢察官確知他們犯了某一罪行，只是他沒有足夠的證據將這兩個人提起公訴。因此，他乃分別對這兩個囚犯說明了他們的抉擇：警方已經知道他們犯了這項罪行，他們可以選擇認罪或不認罪，假若他們都不認罪，那麼檢察官將他們以其他罪行（如竊盜，或非法持有武器）論處，也就是說他們都會得到較輕的處罰。假若他們都認罪，那麼他們就會被起訴，但檢察官會從輕量刑。假如他們之間有一個認罪，而另一個沒有認罪，那麼前者可以因指認另一人的罪行，而得到緩刑，然而後者將被處以重刑。*（P.90）

*From R.D. Luce, and H. Raiffa *Games and Decisions* (New York: John Wiley & Sons, Inc., 1957), P. 90. Copyright © 1957 by John Wiley & Sons, Inc.

讓我們看一看列示於圖7－3的數字。很明顯的，當甲囚犯考慮他的抉擇時他可以選擇認罪或不認罪。看看甲囚所得的分數（每一小方格的前一個），不認罪的話，可能被判一年或十年的徒刑；但是認罪則可能被判一年或五年的徒刑。若單從甲囚的觀點來看這個問題，毫無疑問的，他最佳地選擇是認罪。因爲不管乙囚怎麼樣，都可以獲得較短的刑期。

但是乙囚也不笨，他也會以同樣的方式來推理。如果雙方在做抉擇的時候都不考慮對方，那麼兩個人的刑期合起來將有十年之多。但如果他們合作無間，對於犯罪的事實保持緘默，那麼他們兩個人都只須在牢裏待一年即可出獄。

在實驗室做這個難題的結果顯示（Tedeschi, Schlenker, and Bonoma, 1973），大部分人在這種情況下的主要趨勢是比較偏向右下角的小方格。也就是次佳的結果——各判五年徒刑。假若他們能夠協調一下他們的聯合利益，壓抑一下他們害怕不認罪會被對方出賣的恐懼，那麼雙方面都會得到最大的好處。

有沒有方法能夠處理這種混合動機衝突，使雙方面都達到最大利益呢？有的！這方法很多，在第九章我們將會有所討論。現在，這些說明的重要觀點是：大多數的互動行爲，都有一部分並存目標與一部分互斥目標。第二，在大多數的混合衝突中，人們趨向於次佳的解決方案，畢竟只要他們互相信任，他們都可以做得更好啊！

抱負、歷史，與替代方案

一般認爲，沒有人能夠完全不受自己的過去（歷史）的影響。關於這一點，我們可以補充地說，沒有人能夠完全不受其行爲的替代方案的影響。當我們想要去了解與處理互倚性和互動時，我們必須考慮的第二個主要變數是個人的抱負（aspiration）。這些抱負是下列兩個因素的函數：(1)直到發生互動爲止個人的歷史，(2)對於當前的互動關係，個人所有的替代方案。

社會心理學家 John Thibaut 及 Harold Kelly 對於這兩個因素有新的理論發現。他們（Thibaut and Kelley, 1959）認爲，若要推測一個人對自己在互動過程中所獲致的結果是否滿意，必須要先回答兩個問題：第一個（與個人歷史有關）是比較水準（comparision level）。比較水準可視爲衡量「吸引力」的方法。它代表個人在與過去比較之後，對當前所從事的互動行爲，及其中所獲致的結果而做的評斷。也就是說，這些結果與過去從互動中所獲得的獎賞相比，情況如何？舉個極端的例子，假如某人的生活一直不甚愉快，而他所從事的每個互動也幾乎都得不到滿意的結果，那麼你與他的互動只要能夠少一些負面的結果，他就能從這次互動中獲得快樂。（因爲這已超出了過去的平均水準）相反地，一個在過去的互動中，一直得到正面結果的人，你可能就不容易在你與他的互動中取悅他了。因爲他的期望是如此的高。Thibaut 與 Kelley 告訴我們，當前的互動是以我們的歷史背景來評估的，同時我們不能與這些歷史分離。這個理論告訴我們，如果一個人只要一點點就滿足的話，很可能是因爲過去很少得到滿足的緣故。而反之亦然。

決定我們對互動的抱負的第二個因素是：替代方案的比較水準（comparison level for alternatives）。替代方案的比較水準基本上是一種衡量最佳互動行爲的方法。我們可能一直都有這種互動行爲，但是爲了從事目前的互動行爲，我們却放棄了它。從心理學的意義上來說，它類似經濟學上所謂的機會成本——爲了對某機會採取行動，我們必須放棄其它的事。從社會心理學的意義來說，Thibaut 和 Kelley 認爲目前的互動行爲，必定比我們以前所有的最佳替代方案還要好。否則我們不會從事目前的互動行爲。然而，重要的問題是：好到什麼樣的程度？

假如某人的替代方案的比較水準很低，也就是說，他做其他事的機會不甚良好，那麼他將非常依賴目前的情況，以及它的酬賞水準。相反的，如果某人的機會非常良好，那麼他與目前情況的關係就比較薄弱。因爲其它地方也有可以得到相同結果的替代方案。因此，雖然比較水準可用來衡量某方案對某人的吸引程度，但替代方案的比較水準却可用來衡量一個人對目前方案的依賴程度。

除了其他因素之外，管理者有兩個主要的考慮，如表7—2所示。管理者必須同時考慮個人的歷史和目前的替代的機會。也就是說，他必須知道他能給他的互動伙伴什麼樣的獎賞及懲罰，以使這種互動關係有所斬獲，並優於任何最佳的替代方案。

表7—2 抱負水準＝歷史＋替代方案

比較水準	這次互動以及我從中得到的獎賞，與過去互動之平均結果，比較起來怎麼樣？可用來衡量某方案對某人的吸引程度。
替代方案的比較水準	這次的互動以及我從中得到的獎賞，與其他目前可用的互動方案之期望獎賞，比較起來怎麼樣？可用來衡量某人對目前方案的依賴程度。

管理互動中的交易行爲

截至目前爲止，我們已經大略地討論了互倚性。也就是說，我們行爲的結果至少有一部分決定於他人的行爲。這是社會現實的本質。無疑地，事實的確如此。但是，互倚性的基本，至少有一部分是我們所能控制的。也就是說，雖然對於晋升或其它獎賞，我們也許要受制於我們的上司，因爲他有合法的權威。但對於我們可以影響的那一部分，我們却可以選擇發揮我們在數學模式的建立的專才、社會理智和吸引力，或者逢迎拍馬屁的能力，這可能性有許多（Homans, 1961）。

如此，在管理者之間的資源交易中，目標的互斥性變得非常複雜。因爲我們都在追求自己的最大利益，同時因爲我們的目標與他人的目標，往往有些部分是不能並存的。例如，囚犯X與地方法院檢察官（圖7－3）也許必須要找出一個他們雙方都能接受的交易方法。在那個情況下，認罪就有自由的希望。在所有的生活面當中，當我們的獎賞受制於他人時，資源的交易是我們求生存的主要方法。（第八章和 Tedeschi et al., 1973）。交易可能像僱傭合約那樣簡單。你以時間和努力來換取薪水，也可能像辦公室裏頭的政治手段那樣複雜。你尊敬並讚美你的上司，爲的是他可能將你推薦給另一個上司（如調到 New Orleans）。基本上，交易是以你所有的，去換取某些事物。

表7－3列出五種互倚性與交易行爲的基礎。它們最先是由French與Raven (1959) 所提出來的。每當我們分析社會互倚與互動時，這五個因素總是複雜的。它們在管理互動中，似乎有極高的關聯與出現的頻率。（這我們在第九章中會再加以討論）在表中，我們用權力/交易基礎這個標識，因爲通常當一個人有能力選擇交易的基礎時，他也會有能力或權力來控制他所參與的互動行爲。

專家權力（Expertise）

專家權力是擁有傳達某些對他人的績效與表現有利的資訊的能力。它是互動性交易的第一基礎。專家（或被認爲在某領域是專家的人）通常可以藉著提高他人的後果，而將此一技能做爲交易的條件，同時因而能夠吸引他人的注意，而獲得獎賞或合法的支持。以專家權力爲基礎的交易與

表7－3 互動行爲中權力交易的基礎

專家權力	擁有對某人的績效、表現有利的資訊與傳遞資訊的能力。
合法權力	在社會階層中，擁有較高的角色地位，而使其具有權威。
獎賞權力	擁有承諾，並給予令人愉快、滿意的結果的能力。
威迫權力	擁有威脅，並給予令人不愉快、不滿意的結果的能力。
吸引力	擁有被他人認同、喜歡和接受的特質。

互倚關係，通常是這樣的：專家提供知識，而接受者則對專家的技能予以讚美，或者增加其對專家的喜愛程度。

合法權力（Legitimacy）

那些在社會階層中擁有高位的人，在互倚關係中也會有較强的交易基礎。在管理的互動行爲中，合法權力是很常用的權力/交易基礎。因爲地位較高的人，對他人的行動可以施用其權威。合法權力是由地位及部屬的支持所組成，這兩者的比例相同。（請參考第九章）因此，當權威支持我們的行動時，也就等於是說未來的結果將是有利的。

獎賞及威迫權力（Reward and Coercion）

第三個及第四個基礎是獎賞權力及威迫權力。它們直接反應在某人影響他人行爲後果的能力上。擁有足夠的資源直接地獎賞或威迫他人的人，可以將互動行爲建立在這些資源上。因此，這個人在互動行爲中，能有較大的控制能力。因爲擁有資源，往往能將擁有者與那些同他互動的人的行動隔絕開來。

吸引力（Attraction）

最後，吸引力是一種特別强烈的權力交易基礎。一個被他人認同、喜歡，和接受的人，在與他人互動時，是極爲有力的。通常我們並不認爲吸引力是一種權力基礎。但它的確是一種基礎。它就像表7－3所列的其他項目一樣。實證資料與我們的常識都顯示，我們會去獎賞我們所喜愛的人，同時我們也會喜歡獎賞我們的人。（請參考第九章）因此，包含有吸引力的一般交易，是爲了得到獎賞、合法支持，或專家的幫忙。

雖然社會現實的本質，使我們的行爲後果至少一部分依賴他人。但是，我們往往還可以選擇我們依賴他人的方式，以及他人依賴我們的方式。正如下一章所要討論的，最近的實證研究已經指出，幾乎所有的管理者都有一個交易的特定型態，或者都想要控制一些包含某個權力基礎的互動行爲。你的交易型態有什麼特徵？那些因素組合，最能描述你與他人互動的特殊風格呢？

摘要

茲將本章的論述摘要如下：

- 現實的本質是社會的。我們所得到的行爲後果，不但決定於自己的行爲，也決定於他人的行爲。

●一般而言，我們是尋求最大利益的自私動物。然而，我們不能完全控制我們的行爲後果。其他尋求最大利益的人，也在這個過程中盡最大的努力。

●世界的資源是有限的。並沒有足夠的資源可以分配給每一個想要它們的人。

●儘管互動與互倚有四種層次。然而最常出現的是交相互動（第四型）。在這種互動當中，每個人對互動都有一套整體的策略或計劃，但也依他人的行爲而修正自己的行動。

●最常出現的目標關係是混合動機型。在此，參與互動的個體最常遭遇的是合作、並存和互斥的目標。

●抱負包括個人的歷史，加上他對當前的互動的替代方案。在衡鑑某一互動行爲時，必須將這些因素列入考慮。

●最後，在互動行爲中，有權力或控制可以運用。儘管互倚關係的存在是既定的事實，但是我們受他人影響的方式，以及我們在互動中與他們交易的方式却是可以選擇的。交易和權力有五個循環的基礎。

將這些事實結合起來，可以得到一個簡單的結論。在管理生活或其它的生活面，個人通常會遭遇到「社會衝突」——一種在目標上至少存在有某些不能並存的情況。因此，衝突絕不是什麼不幸，它是工作與生活中無可避免的現象。我們既然無法避免它，我們就必須應付它。

解決衝突的方法有很多，這些方法包括一般的策略，如退却、逃避、或爭鬥、或是尋求比目前可用的行動更令人滿意的嶄新結果，以及想辦法去妥協或商議。但是除了逃避之外，這些策略都是一種控制他人或對他人施行影響力的嘗試。它藉著提供我們此一情況下最有利的結果，來解決此一衝突狀況。總而言之，這些方法稱爲社會影響模式。它是有效地處理社會衝突的各種技巧。對於這些技巧，我們在第八章將會有詳細的討論。

參考書目

Asch, S. "Studies of Independence and Conformity: A Minority of One Against a Unanimous Majority." *Psychological Monographs* 70 (1956): (Whole number).

Brickman, P. (ed.), *Social Conflict*. Lexington, Mass.: D.C. Heath, 1974.

French, J.R.P., Jr. and B. Raven. "The Bases of Social Power." In D. Cartwright (ed.), Studies in Social *Power*. Ann Arbor: Institute of Social Research, 1959.

Heller, J. *Something Happened*. New York: Bantam, 1977.

Homans, G.C. *Social Bevavior: Its Elementary Forms*. New York: Harcourt, 1961.

Schelling, T.C. *The Strategy of Conflict*. Cambridge, Mass.: Harvard University Press, 1960.

Tedeschi, J.T., B.R. Schlenker, and T.V. Bonoma. *Conflict, Power and Games*. Chicago: Aldine, 1973.

Thibaut, J.W. and H.H. Kelley. *The Social Psychology of Groups*. New York: Wiley, 1959.

國立中央圖書館出版品預行編目資料

實用管理心理學（上）／波諾瑪（Thomas V. Bonoma），
卓特曼（Gerald Zaltman）著；余振忠譯.

--新版. --臺北市：遠流，民83

面；　公分. --(大眾心理學叢書；A3096)

譯自:Psychology for Management

ISBN 957-32-2208-6(一套：平裝)
ISBN 957-32-2209-4(上冊：平裝)
ISBN 957-32-2210-8(下冊：平裝)

1.企業管理--心理方面　2.社會心理學

494.014　　83002396